# 我能富裕退休

Retirement Planning and Wealth Management

李统毅 著

廣東旅游出版社
GUANGDONG TRAVEL & TOURISM PRESS
悦读书·悦旅行·悦享人生
中国·广州

**图书在版编目（CIP）数据**

我能富裕退休/李统毅著． —广州：广东旅游出版社，2016.5
（2023.7重印）

ISBN 978 - 7 - 5570 - 0151 - 3

Ⅰ．①我… Ⅱ．①李… Ⅲ．①退休—生活—财务管理—中国
Ⅳ．①TS976.15

中国版本图书馆 CIP 数据核字（2015）第 202724 号

出 版 人：刘志松
策划编辑：官　顺
责任编辑：官　顺
责任技编：刘振华
责任校对：李瑞苑

我能富裕退休
WO NENG FU YU TUI XIU

广东旅游出版社出版发行
地址：广州市荔湾区沙面北街71号首、二层
邮编：510130
邮购电话：020-87347732　87348887

深圳市希望印务有限公司印刷
（深圳市龙岗区坪地街道怡心社区吉祥二路13号厂房B栋）
开本：787 毫米×1092 毫米　　16 开
印张：9 印张
字数：150 千字
版次：2016年 5 月第 1 版
印次：2023年 7 月第 2 次
定价：45.00 元

# P 自序
## REFACE

在如今这个瞬息万变的世界，人们有时不免会思考：我退休后的生活会是怎样的呢？

如果是在20世纪70～80年代，你或许只要手里有1万块钱就可以退休了；如果是在20世纪90年代，有10万块你就可以过上舒适的生活；在2000年，有100万你也只能在大城市买个小公寓；在2015年的上海，带100块钱出去玩上一天，你可能连打车回家的钱都没了；在2020年，……

环顾四周，所有的人都在努力工作，努力养活自己，努力为将来攒钱，努力照顾家人和孩子，赡养父母。**但是，我自己呢？等我老了的时候，谁来照顾我呢？**

你是否有退休的资本呢？如果你刚二十出头，你会觉得退休还是遥不可及的事情。如果你是30多岁，你可能刚刚步入婚姻，组成家庭；或者正经历中年危机，不知道自己是否应该踏入围城。如果你是40多岁，有稳定的工作或正处于事业巅峰，你不知道自己的身体还能支撑得了多久。许多身处商界的人，不论男女，都免不了要参加社交活动或与客户应酬。如果你是50多岁，要准备退休时，你会想：我交了这么多年的退休金到底够不够供我在退休后使用？如果你是60多岁，你会更加注重健康，然后你会突然意识到一个问题：我还能活多久？如果你是70多岁，……

本书将就上述一些问题为您答疑解惑。

在国内外兼职EMBA教学工作达15年以后，我的学生告诉我，我给他们教授的是一门改变人生的课程——"退休计划介绍"。为此，我写下了这本书，希望与更多的人一同分享。

假设你今天40岁，活到74岁，等于你还有34年或12410天！

谨祝您的退休计划一切顺利！


李统毅

# 为什么要写这样一本书

我们很多人都因忙于工作和享受当下生活而忘了还有退休这回事。还有一些人则努力不去想它，因为这可能是个令人头痛的问题。

退休需要有多少资本？退休后要干什么？退休对我的家庭、儿女、公司和资产会带来何种影响？有些人认为，现在想这些还为时过早。

你是否听说过有些老年人生病不愿告诉自己的儿女？这是因为医疗费用太高，他们不愿给孩子造成负担。你是否见过一些老年人六七十岁了还在坚持工作？他们有些是为了消磨时间，而相当一部分则是为了挣钱养活自己和老伴。孩子们呢？有多少人希望在年老后能依靠自己子女？

这就是我写这本书的原因。

这本书将告诉你如何进行退休计划。这是一本有趣的书，通过这本书你可以更加了解自己。已经结婚的，你可以让你的另一半一同加入到对退休生活的规划和计算中。

祝阅读愉快！

李统毅

# 如何使用本书

亲爱的读者，你们好！

　　刚进入华尔街期间，我就职于全美第二大保险公司，大都会人寿（METLIFE）任退休理财策划师。任职期间，我获得了纽约人寿保险执照和美国证券从业资格。在我工作期间，见了很多不同种类的客户，有餐馆老板、商业银行大股东、医生、企业家、白领等。

　　书内分享累计的一些经验与看法，我在出版前一次读完感觉有点吃力，尤其是新手。为此，我在这里简单介绍如何使用本书。

　　本书以12个步骤划分章节，以问答方式从零开始了解退休计划。**书内含21道作业题，如果能够完成，你将基本了解自己的退休需求。**

　　本书一开始介绍每个人对退休的向往与期望的生活。本书中间解释退休的财务需求，含有详细的计算方法，但是步骤简单。本书后段解答投资策略与介绍多种投资渠道。

　　在这12个步骤内，我累积了许多经验与退休法则，在本书中都将一一与读者分享。本书可以分成五段，见下表：

| 分段 | 章节 | 内容 |
|------|------|------|
| 第一段 | 步骤1，2，3 | 理顺退休目标 |
| 第二段 | 步骤4，5，6 | 退休成本及准备 |
| 第三段 | 步骤7，8 | 计算自己的资产负债 |
| 第四段 | 步骤9，10 | 投资渠道 |
| 第五段 | 步骤11，12 | 人生不同阶段的需要 |

为了求得计算的准确性，请按照步骤循序进行。书中会出现几张如下所示的表格，它们可以帮助您算出答案。

**作业5：退休后的生活方式**

| 编号 | 项目 | 个人期望 |
|------|------|----------|
| 1 | 房子 | |
| 2 | 交通 | |
| 3 | 食物 | |
| 4 | 穿衣及个人护理 | |
| 5 | 卫生及保健 | |

**准备工具**

随着计算的数字可能会越来越大，甚至超出你所想，你还将需要用到大规格的计算器（不是普通的那种）。希望我这么说你不会被吓到。手头随时要有一支钢笔或铅笔。

阅读时，你会碰到数个"李统毅退休提示"的板块（如下图所示），它们主要是起提醒作用。

---

## 李统毅退休提示之一

立遗嘱是很重要的一件事。这不是富豪的专利。我们对此不应持迷信的态度。70%的美国人会立遗嘱。因为明天会发生什么事是不可预知的，所以最好事先给亲人留下遗嘱。

---

目 录
ONTENTS

# 步骤 1

# 每个人的理想

超过 *98%* 的人没有一个清晰的退休计划，但还是心怀梦想的。我们总是告诉自己，等我退休时，我要环游世界，到美丽的海岛……虽不算是计划，但却是好的开始。

## ▶▶ 每个人的理想生活

在本书内容开始之前，我想先做个大致的介绍。

每个人都希望自己的人生幸福美满。我们中的大多数都经历相似的生命历程：出生、求学、工作、读 MBA、约会或相亲、失恋、相爱、结婚、生子、中年危机、买彩票碰运气、旅游、股票交易、斩仓、爆仓、照顾父母、创业、运动、宗教信仰（或信仰人民币）、孩子长大成人、支付大学学费、剩男剩女啃你的老、健康问题、渐渐老去、耳朵聋了、眼睛花了、牙齿掉了、最后使命完成……开始去往另一个世界的旅程……

让我们再回到上述问题，这似乎是一个疲累的旅程……我们应该在哪个阶段停下来休息呢？

你想退休吗？你想在几岁时退休？你知道退休意味着什么吗？

很多人希望到了某个岁数就退休，但也有的人可能根本不退休或退不下来。每个人的需求水平和欲望水平都不一样。现实中，退休计划基本上是从钱的角度来计算，但当然，它不仅仅与钱有关。

## ▶▶ 什么是退休

退休意味着什么？

退休的定义有很多。传统观点认为，它意味着到某个法定退休年龄时停止工作，从此你不用上班，不用照顾孩子，不用承受压力，像鸟儿一般自由！因此你可以随心所欲地做自己喜欢的事！

**作业1：写下你预期的退休年龄**

国家法律明确规定：女职工 50 周岁，女干部 55 周岁为法定退休年龄，男性公民 60 周岁为法定退休年龄，因此退休也是对社会公民劳动保障的一项政策，是国家的一种劳动机制。

## ▶▶ 热门话题：延迟退休

现行的退休年龄是怎样制定出来的呢？

1951 年，《劳动保险条例》上提到，男性退休年龄为 60 岁，女性 50 岁。

1955 年，女干部的退休年龄被提至 55 岁。

为什么要推迟劳动者的退休年龄呢？

有两个主要原因。

第一，由于老龄化社会，中国的老年人口数字在缓慢上升。据《人民日报》报道，目前老年人人数占总人口的 14.9%。这一数字在 2020 年将升高至 19.3%，2050 年升高至 38.6%。老龄化伴随而来的是医疗保健压力增加，需求上升，并导致劳动力市场萎缩，从而削弱了生产力水平。

第二，现行的退休年龄是在建国时期制定的。过去 60 多年来，平均寿命已从过去的 40 岁左右增加至现在的 70 岁以上。退休年龄应与劳动力市场相关联，这样才不至于在人力资源方面造成浪费。这些 50～60 岁年龄段的有经验的劳动者对社会而言正是重要的资产。

### 延迟退休时间表

| 2015 | 制定新的延迟退休计划 |
| --- | --- |
| 2016 | 新的计划提交至中央政府并从社会各界寻求建议 |
| 2017 | 官方启动新的延迟退休计划 |
| 2018 | 最早开始实施渐时式延迟退休时间 |

退休还意味着，你摆脱了为谋生而工作的压力，**拥有经济自由可以做任何自己想做的事**。你不用为了衣食住行而每天朝九晚五地上班。你可以自由选择要不要继续工作！你可以环游世界，或者去做些不同寻常的事。那些发了大财，中了彩票，或者在赌场赢了很多钱的人，别忘了要低调（现在你知道为什么你的有些朋友看起来这么低调了）。

超过 98% 的人没有一个清晰的退休计划。但话说回来，我们每一个人其实还是心怀梦想的。我们总是告诉自己，等我退休时，我要环游世界，我要住到美丽的海滨度假村去，我要含饴弄孙……这些都是非常好的想法，尽管都不能算作是计划，但却是良好的开始。这些就叫做"目标"。

在阅读以下内容之前，请花 5 分钟写下 5 个你希望在退休后达成的目标。

**作业 2：退休后的目标**

| | |
|---|---|
| 1 | |
| 2 | |
| 3 | |
| 4 | |
| 5 | |

祝贺你！你已经写下了生命中最重要的目标中的 5 个。带着这 5 个目标，我们将开始制订一个计划——你的退休计划！

## ▶▶ 阻碍你退休的因素

我给大家看一张图片。下列图片讲的是一个家庭，里面有爸爸、妈妈和孩子一家三口。他们乘着船，船下大浪小浪，波涛汹涌。这些波浪代表着养老金、保险、税金、遗产、投资和贷款。以下讲 6 个障碍。

1. 经济因素

你知道自己退休后每月可以从政府的社保基金中拿多少退休金吗？1000 元？3000 元？5000 元？或者……根据我对"退休计划"课程学员的调查，超过 80% 以上对此不确定。**退休后光凭每月的社保基金，你能养活自己吗？**也许它足够应付日常生活，吃炸酱面、小笼包或担担面应该没有问题哈。但是它可能不足以维持你现有的生活水准？你可能没有多余的钱多购物，出去旅游或……

2. 权力因素

除了经济因素之外，还有一些人，在职时掌握各种各样的权力。在中国这块土壤上，权力可以滋生的好处数不胜数，而退休也就等同于权力以及权力可以带来的好处的基本丧失，对享受惯了权力好处的人来说，不愿退休就更是可想而知的了。

### 3. 怎样少纳税

谈谈纳税的问题。我们人人都要纳税以支持国家建设，这一点很重要。如果我问——你们中有多少人不纳税？这个问题未免太敏感。所以，我换种方式问——你们中有多少人想要合法地少纳税从而获得更多的资本收益和收入？我可以暂时给你一个直接的回答。想想你现在都把钱放在哪里。想想其中有多少要交税，而有多少不用。比如，如果你把钱存在银行，这要纳税吗？你的股票投资和共同基金要纳税吗？你的房地产投资要纳税吗？海外置业交税吗？哪种投资工具不用纳税？例如：政府公债，保险。有关这些产品，在书的后半段会谈到。

### 4. 健康因素

退休后，突然闲了下来，时间一长，就会感到无聊、郁闷，出现"人老没有用了"等悲观念头，因此情绪低落；另外退休老人大多饱经风霜坎坷，这时会多思多虑，敏感性增加，就会产生疑虑、焦躁心理，导致身体健康状况下降。有人称上述现象为"退休综合征"，据统计，约 24.6% 退休者有此症状。

还有些老人自认为是船到码头车到站，已走到了人生的尽头，因而情绪低落，终日消沉，什么都不去想，什么都不感兴趣，失去对生活的追求。

### 5. 遗嘱

你可能有遗产要留给自己所爱的人。就像过去皇帝驾崩前，会写下遗言说明自己的皇位继承人一样。所以，在你离去之前，建议你也留下遗嘱。这并不是针对高净值个人而已。我知道这不是中国的传统。但时代在改变，你们看书或去听课不就是为了学习新的东西吗？

---

## 李统毅退休提示之一

　　立遗嘱是很重要的一件事。这不是富豪的专利。我们对此不应持迷信的态度。70%的美国人会立遗嘱。因为明天会发生什么事是不可预知的，所以最好事先给亲人留下遗嘱。

---

6. 保险

　　你信任保险吗？根据我的调查，很遗憾，90%以上参与我"退休计划"课程的人表示，他们不信任保险。很多人认为，买保险容易，但索赔难。作为一个拥有保险执照的专业人士（尽管我不从业已经很多年了），我是这么跟学生简单解释的：**即使不喜欢，你仍然需要保险。**在本书后半段，我会向你解释我们每个人在人生的不同阶段需要用到的几项基本保险。

　　作业3：写下阻碍你退休的原因

| | |
|---|---|
| 1 | |
| 2 | |
| 3 | |
| 4 | |
| 5 | |

# 步骤 2

# 期望的生活方式

退休计划的主要内容是设定具体目标，并了解自己的局限性。它需要进行一些数字计算，找出差距，并想办法消除。这个计划的优点在于涉及的计算并不难，每个人都能做到。

退休计划的主要内容是**设定具体目标**，并了解自己的局限性。它需要进行一些数字计算，找出差距，并想办法消除。这个计划的优点在于涉及的计算并不难，每个人都能做到。

为什么要进行退休计划？有以下 5 个原因：

1）生活方式

2）寿命

3）期望

4）通货膨胀

5）财富保值

## ▶▶ 期望的生活方式

1. 描绘自己退休后的生活方式

我们每个人都会在自己的内心深处描绘出一幅我们退休后的生活画面。就像在我们还是个小孩子的时候，老师问"你长大后想干什么"一样，你会说你想当个医生、警察、教师、护士、商人或超人！有这样一个愿景非常重要，因为它可以指引你前进的方向。

你会怎样描绘自己的退休生活？读到这里，请先暂停 1 分钟。闭上眼睛，想象一下自己退休后的生活会是什么样子。

**作业 4：在继续看下去前，把你退休的情景画在这个框里面**

现在睁开眼睛。你所描绘的跟以下这幅图一样吗？

下棋　　　　　　　　　　　　和家人一起度假

还是跟下面这些一样？

打高尔夫　　　　　　　　　　照顾孙子

## 2. 生活方式

在想象自己退休后的生活时，你可以考虑自己想要哪种生活方式。你**有没有足够的资源来满足自己的需求，包括资金资源？**你可能还必须得放弃一些自己力所不及或毫不现实的需求。以下是你需要考虑的内容。

**你的房子**

你要住哪？换房子，或者搬到省内别的地方，或者搬到一个小镇或别的国家，这些都会增加（或降低）你的开销。

即使你"原地不动"留在之前的房子里，你的某些开销也会发生改变。比如，可能某一天政府要拆迁，收回你的房子。或者，当你逐渐变老的时候，你希望搬到一个更加方便的地方，比如搬到离孩子较近的地方，或回老家。

## 李统毅退休提示之二

搬家之前，靠房子来养活自己是不负责任的行为。既然我们已经了解了房屋价格不会总是上升，那么不靠房屋升值来支付退休生活的开销，才是比较实用的观点。

### 车子

你现在的交通花费是多少？交通花费（汽油费、汽车保养费、公共汽车费用或火车票费用）中有多少是用在上下班上？你自己开车，只用公共交通，还是二者结合？或者，你想在退休后换辆新车吗？

### 保健和医疗开销

你会购买保险来填补医疗保险的不足，或自付所有保健费用吗？你会不会购买健身器材，加入健身俱乐部，或取消自己健身俱乐部的会员身份？

### 娱乐

你会不会多少花点钱在看电影、买书、去戏院、去俱乐部或购物上？或者你会不会花更多的钱在自己的业余爱好上，比如木工和园艺？你会不会花更多的钱在休闲活动上，比如打高尔夫和钓鱼？我知道大多数人都喜欢一项休闲活动：旅游。退休后，你会不会花更多时间在旅游上？

通过作业5"退休后的生活方式"描述你所希望的退休后的生活方式。你在构想自己理想的退休生活时，你的经济能力能否允许你有这样的生活方式？

### 作业5：退休后的生活方式

在下面列出的项目旁边填上你希望的退休后的生活方式。

| 编号 | 项目 | 个人期望 |
|---|---|---|
| 1 | 房子 | |
| 2 | 交通 | |
| 3 | 食物 | |
| 4 | 穿衣及个人护理 | |
| 5 | 卫生及保健 | |
| 6 | 娱乐 | |
| 7 | 爱好 | |
| 8 | 休闲活动 | |
| 9 | 旅游 | |
| 10 | 其他 | |

## ▶▶ 最坏的情况

**重病而卧床不起**

健康是一个人最为重要的资本。健康与金钱孰轻孰重？这个问题我时常会在我的课堂上提起，你们一定会惊讶于听到的答案。**如果不健康，那你的退休生活是不会快乐的。**很多人不惧死亡，但是人人都应该会惧怕重病而卧床不起，以致上厕所之类的日常所需都要别人来协助完成。

**没有稳定收入**

人首先要有物质生活，才有精神生活的追求（尽管精神生活对某些人而言不是必需的）。当今社会，医疗费用越来越高，子女可能无法承担如此高的金额。如果年老之后无法照顾自己，反而给子女带来负担，将会产生矛盾，破坏家庭和谐。

**生活没方向，无所事事**

很多人生活很迷茫，一旦退休就更无所适从。因为时间太多，不知道如何利用，只好看电视、打麻将、毫无目的地逛街，百无聊赖地度日。

**孤独，无聊，无人关心**

子女或许会忙于自己的工作和家庭。退休之后，同事间也少有往来。你的朋友圈也会变小，生活中可能你就只和少数几个人有联系。有时候，你找不到可以说话的人。仿佛没有人有时间来关心你。如果你行动不便，独自待在家里，情况则会更糟。

## ▶▶ 最理想的情况

### 身体健康，生活可以自理

当你退休的时候，你有很多钱，却没有健康，这又有什么意义？健康比金钱更重要，你同意吗？如果你身体健康，生活可以自理，诸如洗衣服、做饭、外出、驾车等等，你的退休生活就充满意义。你退休后的健康状况是由你目前的生活习惯积累起来的！如果你现在不注意身体，比如说大吃大喝、不锻炼身体……

### 和伴侣白头偕老

生命中拥有伴侣很重要。如果有另一半和你一起历经患难，那么就能帮你建立信任、依靠、互相欣赏和支持。无人可以取代！当你变老了，此种关系尤其重要。想象一下当你老了而没有伴侣，会是怎样的孤独。

### 稳定的收入

老年人必须要有稳定的收入，所以你要有一定的积蓄！有基本的经济能力，对你自己、你的家人以及社会来说都很重要。有稳定的经济来源，你就不会加重子女的负担；你在家庭里，在社会上也能受到尊重。如果你很富有，拥有一定的资产，你去世后的遗产分配也很重要。报纸上关于父母离世后家庭成员争夺遗产的新闻屡见不鲜。事实上，**虽然说金钱买不到快乐，但如果没有金钱，你也不可能快乐。**

### 追求有意义的退休后生活

很多人在退休前工作非常努力。因此，你可能没有多少时间来做你喜欢做的事。退休后，你就有时间了。你可以读书、钓鱼、练书法、跳舞、唱歌、摄影等等。这样你至少不会无聊，或者不会过于依赖不健康的生活方式，比如一整天都看电视或打麻将。在家中的时光，你也可以帮忙做些家务：买生活用品、煮饭、打扫、修花剪草、照顾孙辈等等。如此一来，你的退休生活更有意义，也减轻了家庭负担。此外，如果你有特定技能，并且想在退休后为社会多做贡献，你也可以建立自己的事业，或者投入社区服务，帮助慈善机构等。所有这些都能让你的退休生活更丰富、更具意义。

**终身学习——继续教育**

如果你热爱学习，大可以重返校园。我带的一个 EMBA 学生今年 69 岁了，退休前是一家国有企业的董事长。我问他为什么现在还来学习，他说以前就想着学一些东西，但一直太忙了。当然，你不一定要上大学，你可以参加一些短期的培训课程，例如绘画、摄影、舞蹈、园艺、语言等等。你也可以自学，比如去图书馆借书或者去书店买书来读。最近我在报纸上看到，肯尼亚有个 70 多岁的老人回学校和孩子们一起上小学。他告诉记者，作为军人他一生都在服务国家，同时也一直梦想重回校园。只要想学，永远不嫌晚！

**出去旅行，看看这个世界**

如果你有钱和时间，为什么不出去旅行呢？去一些你从没去过的地方，国内的或者国外的。你可以欣赏美丽的山水，游览名胜古迹，流连环境舒适的文化名城，这些都可以让你的退休生活更充满乐趣！

**和志同道合的朋友们保持联系**

你可能有很多朋友或同学（例如在我的班上或 EMBA），现在退休了，你的时间也非常充足。所以，你可以打电话约你的同学或者朋友出来见面，一起旅行，或者喝喝茶，畅谈"美好的旧时光"。

# 步骤 3

## 你想活到几岁

对生活不满的男士比起那些心理上更加满足的男士，死亡率高一倍，因病死亡的可能性高三倍。作为男性，可以从女性身上学到很多优点。女性的平均寿命比男性长 *8* 年

一般我听到的有两种答案。一部分人觉得七八十岁就差不多了。另外一些人希望能活到 100 岁。我记得有一次讲座，一个学生告诉我，他已经活够了！可能经营公司太辛苦。后来，我与同学们开导他，他被我们感动得眼泪都快流下来了。

## ▶▶ 中国人预期寿命

截至今天，在国内的中国人，平均寿命是 74.5 岁。其中男性 72.5 岁，女性 76.8 岁。与 2000 年的 71.4 岁、1990 年的 68.3 岁、1980 年的 65.5 岁、1970 年的 61.7 岁和 1960 年的 36.3 岁的平均预期寿命相比，我们的寿命得到显著提高。以下是中国人寿命历史数据。

表 1　中国人预期寿命的历史数据

| 年份 | 男性 | 女性 | 总体 | 世界排名 | | |
| | | | | 男 | 女 | 总体 |
| 1960 | 35.1 | 37.6 | 36.3 | 162 | 160 | 162 |
| 1970 | 61.0 | 62.5 | 61.7 | 67 | 79 | 74 |
| 1980 | 64.4 | 66.7 | 65.5 | 67 | 83 | 79 |
| 1990 | 66.9 | 69.7 | 68.3 | 62 | 95 | 87 |
| 2000 | 69.9 | 73.0 | 71.4 | 58 | 84 | 67 |
| 2010 | 72.5 | 76.8 | 74.5 | 60 | 77 | 64 |

（信息来源：世界卫生组织、世界银行、联合国教科文组织等机构的综合）

我们再详细谈谈这个问题。下表是根据年龄计算的预期寿命。

比如，你是 50 岁的男性，你的预期寿命就是 76 岁。我把这个给我 EMBA 班上的其中一位学生看，他 60 岁，退休前是某局长。我告诉他，如果你现在 60 岁，按照以上图表，那么你的预期寿命是 77.9 岁。他答："是的，李老师。我不敢多活。"

表2　中国人的预期寿命（按年龄）

| 年龄 | 男性 | 女性 | 男 | 女 |
|------|------|------|------|------|
| 出生 | 72.5 | 76.8 | 60 | 77 |
| 5 岁 | 73.4 | 77.5 | 57 | 78 |
| 10 岁 | 73.5 | 77.6 | 56 | 78 |
| 15 岁 | 73.6 | 77.7 | 57 | 78 |
| 20 岁 | 73.8 | 77.8 | 59 | 78 |
| 25 岁 | 74.1 | 77.9 | 62 | 78 |
| 30 岁 | 74.4 | 78.1 | 62 | 79 |
| 35 岁 | 74.7 | 78.2 | 66 | 82 |
| 40 岁 | 75.0 | 78.5 | 67 | 79 |
| 45 岁 | 75.4 | 78.8 | 69 | 80 |
| 50 岁 | 76.0 | 79.2 | 72 | 84 |
| 55 岁 | 76.8 | 79.8 | 73 | 86 |
| 60 岁 | 77.9 | 80.5 | 74 | 87 |
| 65 岁 | 79.3 | 81.4 | 76 | 92 |
| 70 岁 | 81.2 | 82.7 | 79 | 94 |
| 75 岁 | 83.4 | 84.5 | 89 | 96 |
| 80 岁 | 86.2 | 86.9 | 97 | 101 |
| 85 岁 | 89.5 | 89.8 | 104 | 110 |
| 90 岁 | 93.2 | 93.4 | 108 | 108 |
| 95 岁 | 97.3 | 97.4 | 119 | 117 |
| 100 岁 | 101.8 | 101.8 | 110 | 149 |

# ▶▶ 为什么男人比较短命

据官方统计，男性的死亡率要比女性高。同时，每个地区的死亡率也不一样。在国内，寿命最长的是上海，最低的是西藏。（数据来源：2010年第六次全国人口普查）

为什么男性的死亡率比女性高？以下列出了一些问题，这些问题都是男性需要注意的，同时希望你们能够采取行动加以改正。

### 压力

大部分男性总是投身竞争，争取成功！每个人都很努力工作，竭尽全力，这当中也包括女性。但是，在一定程度上，男性不知道如何放松。有时他们会去 KTV，但这未必是放松的好方法。一旦有压力，你需要学着更加宽容，不要被小事困扰。有一次，我和一位来自上海的朋友结伴去西藏。整个旅程中，每一天、去过的每一个地方，他必定精打细算：从已经预订好的五星级酒店建议搬到三星级酒店，就为了减少花费；每顿饭之后，打包当做下一顿的午餐。替我们安排行程的旅行社导游也觉得好笑。我非常感激从他身上学到的这种节约的好品质，但是，如果是旅行，这个会不会有点多此一举？作为纽约一名首席交易员，我需要处理很多压力，曾经一度我每个月的贸易额是 20 亿美元，10 分钟之内我就可能丧失 30 万美元。你觉得我有压力吗？压力影响着我们每天的生活和健康。或许我们都应该有点阿 Q 精神。

### 饮酒和吸烟

中国是世界上吸烟人口最多的国家。这对烟草公司而言是件好事，但对其他人而言却是坏事。我有个学生告诉我吸烟有益健康！然而后来我得知他是烟草公司的总经理。吸烟引起很多疾病，包括癌症——这是众所周知的最为致命的疾病！和大多数人一样，我也和朋友、顾客出去吃饭喝酒。2006 年以前，我常喝的是白酒，记得有一次，和一些政府官员及中国北方的一些公司代表吃午饭，我喝了 40 杯，结果需要两个人抬我回家。2007 年，医生寄给我一封信，告诫我不能再喝酒了。实际上，我已经因为胃部问题而多次住院了。这对我发现自己的限度是一个很好的警示。我相信他们也是有限度的。如果你非喝不可，那就喝点类似红酒这样烈性不强的酒。有人说：每天喝一点红酒有益健康。

### 饮食过量会缩短寿命

这是一种骇人听闻的说法！如果你经常在外吃饭，大鱼大肉，摄入过量，后果就是肥胖。长期食肉过量，将会有胆固醇，这是难以消化的。吃太多和吃太好都是富人的一种病症。今天，高胆固醇、高血压和中风的患者比率逐渐提高。长期饮食过量将会加速老龄化，增加癌症的风险。

### 与家人缺乏互动

根据美国的一项调查，和已婚男性相比，单身男性寿命更短。这不难理解，因为没有家庭责任，单身男性更倾向于喝更多的酒、抽更多的烟以及心灵孤独。越来越多的数据表明，远离社会的人寿命更短。

### 缺乏锻炼

每天你可以做的最佳运动是走路。几年前我在上海的时候，我有一个朋友，他是羽毛球双打冠军。在他搬去香港之前，我们一起打了一年的羽毛球。每天他都走 30 分钟去上班。虽然他可以打的或者坐公车，但是他没有那样做。我知道工作日腾出时间不容易。你可以试着把车停远一点，然后走一些路。我有一个表哥，他看起来非常健康，有一天就突然中风了。有时候疾病的到来是没有预兆的，最好的方法就是保持良好的生活方式。

# ▶▶ 为什么女人活得比男人长命

根据芬兰的调查数据，那些不懂适可而止或者对生活不满的男士比起那些心理上更加满足的男士，死亡率高一倍，因病死亡的可能性高三倍。作为男性，可以从女性身上学到很多优点。我们的世界男女共存，所以才那么多姿多彩。世界人口平均寿命调查显示，女性的平均寿命比男性长8年。为什么女性有更长的寿命呢？下面作一些分析。

### 女性生活方式更健康

女性的生活方式更加健康，不像男性经常抽烟、喝酒……男性的这些不健康的生活方式容易引发各种疾病，缩短寿命，甚至有可能造成残疾。

### 女性工作更安全

男性更可能从事一些高风险的工作，比如当矿工、司机、军人……而女性更可能待在办公室，从事管理、文秘、医护、艺术、教育方面的工作，或者当家庭主妇。相比而言，男性的工作危险性更高。

### 女性爱卫生、注重饮食

总的来说，比起男性，女性更爱干净。女性勤于洗漱、打理头发和护理脸部，并且非常注重食品的卫生。女性一般比男性吃得少，摄入的胆固醇也少。据调查，暴饮暴食可能会增加体内的自由基数量，从而增加患癌概率。

### 女性的性格较柔和

俗话说，"女人是水做的"。确实，女性的性格婉约如水。女性更能适应多变的环境，弹性更强，更有耐心应对困境。她们更能接纳别人。另一方面，女性的泪腺更发达。所谓"男儿有泪不轻弹"，所以很少看到男性哭泣。然而，在我的"退休计划"班上，我却看到男性学员哭了，可能是某些话题触动了他们。哭是释放内在压力和痛苦的一种方式，对排除体内毒素有好处。我们说女人"婆婆妈妈"，其实从某种意义上说，爱唠叨也是一种美德。

# ▶▶ 导致中国人死亡的原因

很多学生上我课程时不明白我经常出的一些奇怪的问题。尤其是健康问题，我们不可不谈。本章节我提供的最后一张有关寿命的表非常重要，与健康有关。根据下表，中国死亡率最高的疾病是中风。排在前 10 的主要死因是：中风、肺病、冠心病、肺癌、肝癌、胃癌、交通事故、食道癌、其他损伤和高血压。希望这一数据能提高你的健康意识。

**表 3  导致中国人死亡的原因（按百分比排序）**

| | |
|---|---|
| 1. 中风 | 26. 消化性溃疡疾病 |
| 2. 肺病 | 27. 乳腺癌 |
| 3. 冠心病 | 28. 中毒 |
| 4. 肺癌 | 29. 胰腺癌 |
| 5. 肝癌 | 30. 老年痴呆症/痴呆 |
| 6. 胃癌 | 31. 口腔癌 |
| 7. 交通事故 | 32. 宫颈癌 |
| 8. 食道癌 | 33. 其他瘤 |
| 9. 其他受伤 | 34. 艾滋病 |
| 10. 高血压 | 35. 乙肝 |
| 11. 糖尿病 | 36. 淋巴瘤 |
| 12. 流感和肺炎 | 37. 帕金斯病 |
| 13. 自杀 | 38. 膀胱癌 |
| 14. 结核病 | 39. 暴力致死 |
| 15. 跌倒 | 40. 内分泌疾病 |
| 16. 直肠癌 | 41. 哮喘 |
| 17. 肝病 | 42. 子宫癌 |
| 18. 炎症/心脏病 | 43. 癫痫症 |
| 19. 风湿性心脏病 | 44. 腹泻 |
| 20. 肾病 | 45. 前列腺癌 |
| 21. 溺毙 | 46. 丙肝 |
| 22. 产伤 | 47. 上呼吸道疾病 |
| 23. 出生体重过低 | 48. 卵巢癌 |
| 24. 白血病 | 49. 脑膜炎 |
| 25. 先天畸形 | 50. 营养不良 |

（信息来源：世界卫生组织、世界银行、联合国教科文组织等机构的综合）

# 步骤 4

## 退休后去哪

近年来，我见过我的很多学生移民去了国外或考虑移民。也有去了不习惯回来的。退休后的生活（养老院，自己住和子女住）绝对是需要考虑的重要问题。

## ▶▶ 你满足于过平凡人的生活吗

别误会，平凡的生活也可以非常快乐。我的意思是，你满足于日常常规的生活吗？你对自己的退休生活有什么期望？

**你有此打算吗？**

退休后换辆车　　　　　　或　　　　　　环游世界？

## ▶▶ 医疗保健你付得起吗

**医疗费用上升已成全球性问题**

自 20 世纪 60 年代起，很多国家都经历了 GDP 的快速增长。医疗费用与此有内在的联系，并影响着社会公民的福利。过高的医疗费用成了政府的负担，这反过来又引起民众的不满和失望。回顾历史，特别就我们邻国而言，70 年代日本的医疗费用增长率为 40%，但其 GDP 增长率仅为 15%～20%，从而导致了政府的直接干预。据研究，医疗费用增长率应该与年度 GDP 增长率持平。医疗费用持续增长的原因大概有以下几点。

### 疾病因素

疾病种类本身也会引起医疗费用的上升。据官方统计，导致死亡的十大疾病包括恶性肿瘤、脑血管疾病、心脏病等。此类疾病治疗费用尤为高，其中恶性肿瘤最高。

### 病人因素

由于越来越多的医疗费用都由第三方（如保险公司）支付，人们对医疗费用的关注也随之减少。有些人会通过延长住院时间或增加不必要的医疗检查来滥用保险金额。

### 支付因素

现在大多数医院都会对各个项目进行收费。试想如果你发烧去住院，你先要挂号付费，再付医生的医疗费，然后是检查费，最后还要付药物费用。此政策原本是鼓励医院提供更多更优质的医疗服务，结果却导致"过度服务"和不合理的医疗费用增长。据调查，通过第三方担保或支付的病人，其医疗费用要高于那些自费的病人。如果医院的付款项目多了，医院还需额外设立一个监管部门，从而也会增加管理费用。

### 价格因素

医药价格持续增高。"以药养医"的现象确实有出现，很明显的一个佐证便是市场上出现了新药物或新的医疗器材，虽没多少改进，价格却通常偏高。药物和医疗器材的高价垄断导致了国家在这方面的支出增加，造成了经济负担。

### 技术因素

随着包括新材料、新药物、新服务等医疗技术的提高，除了保险公司提供的担保费用之外，病人还需自费支付额外的治疗费和药物费用，从而造成个人医疗费用的增加。

下表显示的是医疗保健开销的增长对退休人士造成的不利影响！

表 4　居民人均年度医疗卫生消费支出及国家医疗卫生财政支出

（资料来源：国家统计局，赛迪顾问整理，2014 年）

根据赛迪顾问发布《中国医疗器械产业研究报告（2014）》报告显示，2013 年，全国农村居民人均年度消费支出中医疗保健为 614.2 元，城镇居民人均年度消费支出中医疗保健为 1118.3 元，国家财政支出中医疗卫生支出达到 8208.7 亿元。本表仅显示中国国内的支出情况。如果你想要接受更好的服务，或光顾私人医院，甚或出国治疗，那怎么办？

## ▶▶ 社保基金

### 什么是社保

社会保险是国家通过立法强制的，由劳动者、企业雇主以及国家三方共同筹资，用以帮助社会成员在遇到年老、工伤、疾病、生育、残疾、失业、死亡等社会风险时，防止收入的中断、减少和丧失，以便使他们得以维持基本生活的社会保险政策措施。（关于社保，更多内容，请参考 www. atxcn.com/xuexi）

## 李统毅退休提示之三

根据社保的退休金计算办法为：月退休金＝月基础养老金＋月个人账户养老金＋月过渡性养老金＋月调节金。

**退休后能从社保拿多少钱**

你知不知道你退休后，每个月社保给你多少钱？以下是退休金计算方法例子。以陈先生为例，他是1983年参加工作，2025年退休。

### 退休金计算方法例

1. 月基础养老金＝（职工退休时全省上年度在岗职工月平均工资＋本人指数化月平均缴费工资）÷2×缴费年限×1%

假设2024年陕西省在岗职工平均工资为6000元/月，他平均缴费指数计算为1.2。

月基础养老金＝（6000＋6000×1.2）÷2×33×1%＝2178元

月个人账户养老金＝个人账户储存额÷计发月数

假设他在以后14年内平均工资为8000元/月。按照政策，今后14年内个人账户应储存额为8000×12×14×8%＝107520元，个人账户累计107520＋50507（1992年7月～2011年12月累计）＝158027元。

月个人账户养老金＝158027÷139＝1136.89元

月过渡性养老金＝职工本人退休时全省上年度在岗职工月平均工资×职工本人平均缴费指数×视同缴费年限×1.4%

月过渡性养老金＝6000×1.2×9.5×1.4%＝957.6元

月调节金＝0

总结：陈先生在2025年退休时月退休金＝2178＋1136.89＋957.6＝4272.49元。

作业 6：写下你退休时每个月可以从社保拿多少钱（如果计算太难，可以估计）

## ▶▶ 退休后住哪的选择

假如你现在退休，你会待在哪里？和谁一起？

其他暂不考虑，请从下面三选一：

1) 住在养老院

2) 自己住

3) 和子女一起住

为了更好地回答上面的问题，我们看一下一些可以帮助你决定的因素：

1) 个人安全

2) 开销

3) 兴趣爱好

4) 心灵慰藉

5) 健康

### 个人安全

养老院有报警系统，通常安装在床边和洗手间里，这对那些行动有困难的老人特别有帮助。此外，养老院有医护人员可以照看退休人员和病人。缺陷是需要资金支持。由于缺乏财政支持，养老院的数量有限；资金一短缺，管理质量和安全保障就会打折扣。也有一些私人养老院，但费用很高，不是所有人都负担得起。

相对而言，自己住就有更多的自由和空间。如果你的邻里不错，安全性就更强一些。缺点是：如果有意外发生，而别人没能及时发现，可能就延误了治疗。随着中国进入老龄化社会，每年都有很多独居老人因在家摔倒或者心脑血管疾病突发而得不到帮助的案例发生。

和子女一起住对双方来说都是好事，因为可以互相照顾。通常情况下，社区里都会有一些基本的医疗服务以应对不时之需。然而，现在所有人都去工作了。而儿女们去上班留下老人在家，总会有些隐忧。另外，一起住的话可能缺乏私人空间，可能由此引发矛盾，从而影响到家庭和睦。这是很常见的。

### 开销

公共养老院由政府拨款，所以管理人员在维持运转上压力较小。而私人养老院收费更高，服务也相对更好。收费取决于选择的服务，比如房间的类型，是否和他人共用一些设施等。问题是，退休老人仅依靠退休金的话一般没有那么多钱。

如果自己住，你就得自己花钱在食物、住宿和衣服上。你自己把控开销，无须支付管理费，所以开销少些。但是，如果你生病了，又无法照顾自己，就会产生大笔的额外费用。和子女们一起住不会给他们造成多大的经济负担。唯一需要担心的是，在你生病期间，孩子们可能由于工作太忙而无法花太多时间照料你。

**兴趣爱好**

养老院里的活动丰富多彩。院里的老人年龄相仿，所以彼此沟通顺畅，很快能找到趣味相投的朋友。缺点是圈子小，空间也有限。

如果自己住，你就能自由安排自己的活动。你可以发展自己的兴趣爱好，融入自己想要的圈子；可以根据自己的经济情况制定旅游计划。这看起来很惬意充实。

如果和子女住一起，你可以融入某些圈子，包括你的家庭、你的邻居以及社区里的朋友，而且，你也有时间发展自己的兴趣爱好。缺点是：圈子中可能因为年龄的差异而产生代沟。另外，你可能得照顾小孩因而没有时间作其他消遣，最终大部分时间都宅在家里。

**心灵慰藉**

俗话说：距离产生美。如果你离家远，家人会更想你、更在乎你。如果你偶尔回家一趟，你会感受到家人对你的嘘寒问暖。孩子们也可能经常去养老院看望你。父母和子女的关系是最亲密的，这份牵挂是老年人精神和心理上最大的慰藉之一。问题是，有时候距离并不产生美。由于代沟，加上子女们忙于工作，老人可能没能从家庭中感受到温暖和支持。而且，子女有时可能会忘了去看望父母。所有这些都会让老人觉得孤独。

如果自己住，你可以自己安排和家人团聚的时间，可以在自己有空的时候看看儿孙。这样，你不会感到孤独，也能享受到天伦之乐。然而，也正因为你自己住，你感受不到住在一个大家庭的快乐，也无法天天体会含饴弄孙的乐趣。

和子女一起住的话，你就能感受到家庭的快乐，心理上也更加健康。帮忙做一些家务，让自己忙碌起来，这是一举两得的事情。问题是，由于成长背景不同，观念不同，加上教育下一代的方式也不同，你和子女容易产生分歧。

**健康**

住在养老院能够保证你饮食的均衡。养老院提供专业的医护人员照顾老人。因此，老人会觉得安心。住在养老院也能让老人们远离城市的喧嚣，享受到新鲜的空气和食物。缺点是潜在的高消费。

如果自己住，你可能缺乏饮食搭配方面的专业知识。你可能因为对这方面的忽略而造成饮食不均衡或者营养不足。

和子女们住在一个大家庭里，你们就能照应彼此。对儿女们来说，一天的繁忙工作过后，家就是一个温馨的港湾。而如果老人生病了，子女也能够照顾他们。缺点是，两代人住一起可能会产生摩擦。在钱的问题上，有时也难以解释清楚。

**作业 7：你退休时，自己住，和小孩一起住还是去养老院？理由？**

## ▶▶ 移民还是留下

近年来，我见过我的很多学生移民去了国外或考虑移民。他们有的跟我咨询了好多年，有的在移民前都有跟我告别。也有移民后不习惯又回国的。退休后的生活地绝对是需要考虑的重要问题。

### 移民

这些年来，移民似乎非常流行。在中国经济繁荣之前，许多出国留学的中国学生都希望学成后能留在该国，也许在那里找工作、生活。在《中国合伙人》电影中，"海归"孟晓骏去美国前和"土鳖"成东青、"愤青"王阳说"我不回来了"，反映了那个年代的想法。这些年来，情况已经发生了改变。许多出国留学的毕业生选择学成回国，因为国内有更多的机会。我们把这些人称为"海归"。

还有一类考虑移民的是一些土生土长的企业家。他们在中国长大、学习和工作，与其他人一起经历了起起落落，移民没有太多重要原因，有的是为了孩子的教育问题，有的是希望在年老时换个不同的生活环境，有的则是坚信外国的月亮比较圆，还有的是觉得在外国生活能更健康等。

近年来，移民风潮更是盛行。我们还是第一次听说有这么多的中国人正在投资移民美国。加拿大也是最受欢迎的移民目的地之一，因为那里地广人稀。新西兰也是一个不错的选择，因为那里羊比人多（听说现在比例改了）。或者澳大利亚（我在那里上的高中），因为那里福利较好。也有很多人移民新加坡、马来西亚，因为那里有着良好的制度（但国家太小）。此外，欧洲也在发生变化。一些保守的欧洲国家也开始引进投资移民项目，尤其是在 2008 年和 2012 年欧洲金融危机期间和之后。不过，由于大量中国移民涌入，一些移民热门国家开始提高门槛，有些国家暂时削减甚至关闭了移民项目，还有提高了准入要求。

表5　最受中国人欢迎的十大移民国家

| 国家 | 上榜理由 |
| --- | --- |
| 加拿大 | 国家稳定，地广人稀，教育质量 |
| 美国 | 国家稳定，经济稳定，教育质量 |
| 澳大利亚 | 地理位置，教育质量，生活质量 |
| 瑞典 | 最富裕的国家之一，国家稳定，生活质量 |
| 新加坡 | 离中国较近，无时差；没有语言问题，国家稳定 |
| 新西兰 | 国家稳定，地广人稀，教育质量 |
| 马来西亚 | 门槛较低，离中国较近，无时差；没有语言问题 |
| 德国 | 国家稳定，经济稳定，教育质量 |
| 葡萄牙 | 门槛较低，手续简单 |
| 英国 | 教育质量，欧洲主要交通枢纽 |

（来源：李统毅"退休计划"课程内容。注意：排名不分先后）

**问题是：你会习惯吗？** 你会否想念国内的亲友、亲戚、喧嚣、吵闹、食物……

**留在国内**

那么，退休后留在国内的家中又有什么问题？我也碰见很多学生不愿待在自己生活得更舒适、更习惯的地方。他们中的有些人移了民，后来又回国了。还有很多人实际上是身居两地。也许你可以在冬天时出国到暖和的地方去（尤其当你是北方人或来自上海这样供暖系统较弱的地方）。

以下作业可以帮你比较你退休后是更倾向于移民还是留在本国。在你喜欢的项目那一框里填"1"，不喜欢填"0"。最后，计算总分。

**作业8：移民还是留下**

| | 国内 | 国外 |
|---|---|---|
| 食物 | | |
| 家人和亲戚 | | |
| 朋友 | | |
| 孩子教育 | | |
| 环境更好 | | |
| 健康生活 | | |
| 娱乐 | | |
| 生活费用 | | |
| 语言 | | |
| 稳定性 | | |
| 工作机会 | | |
| 交通便利性 | | |
| 总分 | | |

我有个全面的答案给你，但是因为篇幅有限，现与大家分享两点。

**一、福利保障制度**

国外尤其是发达国家的福利保障制度相当健全。在发达国家，一个典型的标志就是福利保障制度十分健全，他们实行了从摇篮到坟墓的福利保障制度，至少让生活无忧。

而中国虽然近几年也在搞全民福利制度，但还远远不够。许多家庭的生活质量往往是因为一个家庭成员生病而从小康水平倒退到"解放前"。尤其是中国的各种福利制度虽然都在搞，但都是杯水车薪，如虽然实行了养老保险、医疗保险、失业保险、生育保险、住房公积金等福利制度，但没有一项福利能够全部满足人的需求，农村养老保险养活不了一个人、医疗保险医治不了大病，失业保险不能保障失业人员的基本生活需要，住房公积金不但很难领取，而且在购房时根本起不了多大的作用。

表6  世界各国社会保障计划比较

| | 养老保障 | 医疗保障 | 失业保障 | 家庭津贴 |
|---|---|---|---|---|
| 中国 | B | B | B | C |
| 阿根廷 | ABC | B | B | A |
| 澳大利亚 | C | A | C | C |
| 奥地利 | BC | A | B | A |
| 比利时 | BC | AB | B | A |
| 巴西 | BC | AB | B | A |
| 加拿大 | ABC | A | B | AC |
| 智利 | BCD | B | B | C |
| 捷克 | AB | AB | B | A |
| 丹麦 | AB | B | B | A |
| 芬兰 | AB | B | B | A |
| 法国 | BC | B | B | B |
| 德国 | BC | B | B | A |
| 希腊 | BC | B | B | A |
| 以色列 | AC | B | B | A |
| 意大利 | BC | B | B | A |
| 日本 | AB | B | B | AC |
| 韩国 | B | B | B | C |
| 墨西哥 | BC | BC | B | C |
| 荷兰 | AB | B | B | A |
| 挪威 | AB | A | B | A |
| 巴基斯坦 | B | B | N | N |
| 波兰 | ABD | B | B | A |
| 葡萄牙 | BC | B | B | A |
| 罗马尼亚 | BD | B | B | A |
| 俄罗斯 | ABCD | B | B | A |
| 新加坡 | CD | D | D | C |
| 南非 | C | B | B | C |
| 西班牙 | BC | AB | B | A |
| 瑞典 | ABC | AB | B | A |
| 泰国 | B | B | B | C |
| 土耳其 | B | B | B | A |
| 乌克兰 | B | B | B | A |
| 美国 | BC | BC | B | C |
| 委内瑞拉 | B | B | B | A |

注：A：普遍型；B：保险型；C：救助型；D：个人积累型。数据来自"Social Security Programs Throughout the World"。其中亚洲和太平洋国家数据是2008年，美洲和非洲国家数据是2009年，欧洲国家数据是2010年。中国家庭津贴类型原文为N，这里考虑到中国低保制度为救助型社会津贴，故此处将中国家庭津贴类型设为C。

## 二、教育

我在5个国家和地区受过教育，对美国、中国、澳大利亚、欧洲的教育制度有自身体验的认识。

美国的教育不是为了考试，而是让人**学会思辨，培养思考**。思辨能力的培养，让学生听到任何话都自然去怀疑、审视，然后去寻找证据证明这个话逻辑上、事实上或数据上是否站得住脚。这种习惯看起来简单，但却是培养自主思考非常重要的开端。同时，还能够把思想表达得很清楚，给人以足够的说服力。在目前，中国经济社会转型、产业结构升级、创新型国家建立等多方面愿望和渴求迫切时，实现这种教育转型尤其重要。

在中国，从幼儿园到小学、中学、大学、再到研究生，一直都强调死记硬背为考试，强调看得见摸得着的硬技能，特别是科学和工程几乎为我们每个中国家长、每个老师认同，这些教育手段、教育内容使中国差不多也只能从事制造业。为了创新，向品牌经济转型，就必须侧重思辨能力的培养，而不是只为考试；就必须也重视综合人文社会科学的训练，而不是只看重硬技术、只偏重工程思维。离开市场营销、离开人性的研究，就难以建立品牌价值。

图1：2013年中国出国留学地区分布图　　图2：2008年中国出国留学地区分布图

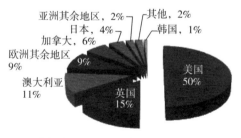

（来源：凤凰网教育行业分析报告）

关于移民及退休国家选择的更多内容，可以参考"退休计划"官方博客 http://blog.sina.com.cn/atxcn

# 步骤 5

## 一杯咖啡多少钱

想象一下，在上世纪 70 年代，1 块钱可以买 4 杯咖啡；80 年代，1 块钱可以买 2 杯；90 年代，1 块钱可以买 1 杯。今天，1 块钱可以买多少杯咖啡呢？

## ▶▶ 1970—2010 年退休需要比较

时代不同，需求也有很大不同。你能想象 40 年前退休人员需要些什么吗？

上世纪 70 年代，正值"文革"期间，经济停滞不前，那时基本生活必需品是退休人员最需要的，包括大米、猪肉、布料、食用油等。十年间，普通工人的工资降到最低，仅足够维持基本生活需求。那时人们没有多余的钱存下来，退休后，收入减少，工作能力下降加上工作也很难找，所以满足不了基本的日常需求。

上世纪 80 年代，随着"文革"在 1976 年结束，政府实行改革开放政策，其中包括发展建筑业和农业。在这种积极的举措下，家庭必需品产量逐渐提高，米、面、油、布、棉开始能满足人们日常所需。不过，在此期间工业发展依然缓慢，一些工具也很难得到。在这十年，退休人员最需要的是工业产品，比如自行车、缝纫机、手表等。

上世纪 90 年代，改革开放卓有成效，很多产业发展迅速，经济、法律领域的面貌也焕然一新。家庭平均收入达到 700 元。在这十年，退休人员最需要的是钱和医疗护理。随着社会秩序的日益稳定，各种产品逐渐增加，人们这时候最缺少的是钱。由于年轻时过度劳作，大多数退休人员在晚年身体欠佳，所以他们最需要的是医疗护理。

2000 年，进入新世纪，中国加入 WTO，深化改革，加大开放力度，国有企业稳定转型，经济腾飞。在这十年，中国强化市场经济，竞争更加激烈，人们的压力也随之增大。退休人员最希望的是子女接受更好的教育，走上更好的岗位，这是他们最关心的。

到了 2010 年，中国加入 WTO 已近 10 年，在外来投资和市场潜力增大的刺激下，汽车、能源、电讯、信息技术等行业蓬勃发展。随着国内外资金的流通，中国经济发展迅猛，在股票市场和房地产市场产生了经济泡沫。在这十年，退休人员希望获得股票、房子、汽车等，同时也希望参与社会活动。

那么，未来会有哪些变革呢？

## ▶▶ 咖啡的价格：1970 年与现在

想象一下，在 20 世纪 70 年代，1 块钱可以买 4 杯咖啡；80 年代，1 块钱可以买 2 杯；90 年代，1 块钱可以买 1 杯。今天，1 块钱可以买多少杯咖啡呢？

我喜欢周末时在咖啡馆写点东西。我记得在一个周六早晨，我坐在上海的一家美式咖啡馆里，一个老大爷进来，引起了我的注意。他正在排队，轮到他的时候，只见他缓缓掏出自己的小钱包，拿出一个 1 块钱的硬币，然后抬眼看了下价目，发出了"哇"的一声。他很吃惊地看到一杯咖啡要卖 20 元。他慢慢地收回自己的 1 块钱硬币，然后离开了咖啡馆。想象一下，你就是 20 年后的这位老大爷。在 2040 年的一天，你进到同一家咖啡馆，准备了 30 元，排着队，但轮到你的时候，你抬头看一眼价目，"哇"地叫了一声……

### 李统毅退休提示之四

这就是通货膨胀。通胀意味着：

与货币数量息息相关的一般价格水平的持续性大幅上涨，其结果是货币价值的损失。

## ▶▶ 可怕的通货膨胀

通胀问题是每个国家发展经济的过程中产生的一种非正常经济现象，主要是体现在经济发展过程中物价持续过度上涨，使价格信号失真，容易使生产者误入生产歧途,导致生产的盲目发展,造成国民经济的非正常发展,使产业结构和经济结构发生畸形化,从而导致整个国民经济的比例失调。当通货膨胀所引起的经济结构畸形化需要矫正时,国家必然会采取各种措施来抑制通货膨胀,结果会导致生产和建设的大幅度下降,出现经济萎缩,因此,通货膨胀不利于经济的稳定、协调发展。

全球通胀形势依然严峻,而在中国,通胀多了很多中国特色。在之前,中国通胀有三个原因:第一,是贸易顺差带来的美元外汇储备的增加,导致了货币发行量的增加。第二个原因是输入型通胀。国际大宗商品价格持续高涨,导致我国面临极大的输入性通胀压力。第三个原因是外资进来把商品价格炒高。

通过上面对通胀问题的阐述来分析:我们统计的2000年至2012年6月这12年的全国不同行业的商品物价走势进行印证。

## 全国商品物价走势比较

与百姓生活息息相关的:

蔬菜中大白菜价格趋势:

从2000年0.41元/千克涨到2012年6月1.66元/千克,12年的上涨幅度为404.9%。其中这一价格除在2002年、2004年、2008年发生过三次异常大幅波动外,其余年份年均的上涨幅度大多数都超过了10%。

肉食品中牛肉价格走势:

从2000年12.93元/千克涨到2012年6月42.89元/千克,12年的上涨幅度为331.7%。其中这一价格从2002年至2012年,年均的上涨幅度大多数都超过了10%。

肉食品中猪肉价格走势:

从2000年9.62元/千克涨到2012年6月24.11元/千克,12年的上涨幅度为250.6%。其中这一价格从2002年至2012年,年均的上涨幅度大多数都超过了10%。

你可以通过中国 **CPI**（居民消费价格指数）构成和各部分比重来估算通胀会对你的日常生活带来何种影响。

根据国家统计资料，2011 年的 CPI 结构调整如下表所示：

**表 7　中国 CPI 构成和各部分比重**

1. 食品 31 .79%
2. 烟酒及用品 3.49%
3. 居住 17.22%
4. 交通通讯 9.95%
5. 医疗保健个人用品 9.64%
6. 衣着 8.52%
7. 家庭设备及维修服务 5.64%
8. 娱乐教育文化用品及服务 13.75%

## 李统毅退休提示之五

　　住房消费、教育开支、医疗保险都不纳入统计范围。而后三者正是当下中国家庭消费最主要的三项，占家庭消费支出的 60% 以上，这不能代表今天中国居民消费开支的真实情况，无法反映物价变动真实情况。

# ▶▶ 中国的通胀率

表8　中国的通胀率（1978—2012 年）

| | |
|---|---|
| 1978 年 0.7 % | 1996 年 8.3 % |
| 1980 年 7.5 % | 1997 年 2.8 % |
| 1981 年 2.4 % | 1998 年 － 0.8 % |
| 1982 年 1.9 % | 1999 年 － 1.4 % |
| 1983 年 1.5 % | 2000 年 0.4 % |
| 1984 年 2.8 % | 2001 年 0.7 % |
| 1985 年 9.3 % | 2002 年 － 0.8 % |
| 1986 年 6.5 % | 2003 年 1.2 % |
| 1987 年 7.3 % | 2004 年 3.9 % |
| 1988 年 18.8 % | 2005 年 1.8 % |
| 1989 年 18.0 % | 2006 年 1.5 % |
| 1990 年 3.1 % | 2007 年 4.8 % |
| 1991 年 3.4 % | 2008 年 5.9 % |
| 1992 年 6.4 % | 2009 年 － 0.7 % |
| 1993 年 14.7 % | 2010 年 3.3% |
| 1994 年 24.1 % | 2011 年 5.4% |
| 1995 年 17.1 % | 2012 年 5.3% |

上述表格内数据表明，过去二十年间，通胀率起起伏伏，极不规律。

现在，假设还没准备好要退休，那么，你可能会有以下两个结果：

推迟退休　　　　　或　　　　　为医疗费而忧心

# 步骤 6

## 多少钱才可以退休

假设你现在 55 岁，退休后每月的生活费是 4000 元。那么 50 万元能撑多久呢？从你的每月开销开始，计算你需要多少钱才可以退休。

在我们进行计算之前，我想先测测你的数学水平。

假设你现在 55 岁，退休后每月的生活费是 4000 元，那么 50 万元能撑多久呢？看下面的答案之前先自己想一想。

表9　退休后每月的生活费及使用期限

| 年龄 | 退休时间 | 退休金（人民币） | 通货膨胀3%后的支出 | 银行固定存款利息 | 余额（人民币） |
|------|----------|------------------|--------------------|------------------|----------------|
|      |          |                  | 3%                 | 4.0%             |                |
| 55   | 1        | 500，000         | −48，000           | 18，080          | 470，080       |
| 56   | 2        | 470，000         | −49，440           | 16，826          | 437，466       |
| 57   | 3        | 437，466         | −50，923           | 15，462          | 402，004       |
| 58   | 4        | 402，004         | −52，451           | 13，982          | 363，535       |
| 59   | 5        | 363，535         | −54，024           | 12，380          | 321，891       |
| 60   | 6        | 321，891         | −55，645           | 10，650          | 276，896       |
| 61   | 7        | 276，896         | −57，315           | 8，783           | 228，365       |
| 62   | 8        | 228，365         | −59，034           | 6，773           | 176，104       |
| 63   | 9        | 176，104         | −60，805           | 4，612           | 119，911       |
| 64   | 10       | 119，911         | −62，629           | 2，291           | 59，573        |
| 65   | 11       | 59，573          | −64，508           | −197             | −5，132        |
| 66   | 12       | −5，132          | −66，443           | −2，863          | −74，438       |

注：假设通胀率是3%，定期存款的利息是4%。

我们的下一步就是计算退休需要有多少资本。跟着下面这些步骤，开始自己退休计划的旅程。现在，拿出一张纸，一支笔，和一个大规格的计算器。在此说明一下，每一步的答案都与跟在其后的步骤紧密相关。

## ▶▶ 计算你的每月开销

可以是个人开销（适用于未婚人士），也可以是家庭开销（如果 2 个家，乘以 2）。进行退休计划时，最好结合自己现在的生活开销。通过作业 9 "你的每月开销"来记下自己在每个项目上的支出。如果你媳妇是家里的 CEO，那么让她也一起加入到计算当中。在"退休计划"课堂中，我看到现场打电话问太太的还不少。

作业 9：你的每月开销

| 项目 | 子项目 | 开销 | 总计 |
|---|---|---|---|
| 住房 | 租金 | | |
| | 贷款 | | |
| | 房产税 | | |
| | 房屋保险 | | |
| 医疗和保健 | 医疗费用 | | |
| | 健康险 | | |
| | 看牙医 | | |
| | 住院 | | |
| | 人寿保险 | | |
| | 其他特殊需要 | | |
| 居家管理 | 房屋修建 | | |
| | 气、水、电 | | |
| | 电话、卫星电视 | | |
| | 其他 | | |
| 交通 | 汽车贷款 | | |
| | 维修 | | |
| | 油气 | | |
| | 驾照和保险 | | |
| | 其他交通工具 | | |
| 娱乐和爱好 | 社交活动 | | |
| | 俱乐部和会员资格 | | |
| | 度假 | | |
| | 运动和爱好装备 | | |
| | 继续教育（上课，讲座） | | |
| | 宠物 | | |

（续上表）

| 项目 | 子项目 | 开销 | 总计 |
|---|---|---|---|
| | 其他 | | |
| 衣着 | 新衣服 | | |
| | 新鞋 | | |
| | 配饰 | | |
| | 珠宝 | | |
| 个人用品 | 化妆品和盥洗用品 | | |
| | 美容美发 | | |
| | 烟酒 | | |
| | 其他 | | |
| 食品和饮料 | 在家用餐 | | |
| | 外出用餐 | | |
| | 娱乐开支 | | |
| 储蓄和投资 | 银行、存款、贷款 | | |
| | 交养老基金 | | |
| | 股票 | | |
| | 债券 | | |
| | 共同基金 | | |
| | 收藏品 | | |
| | 其他 | | |
| 捐款 | 宗教 | | |
| | 慈善 | | |
| | 送礼 | | |
| 非常规开销 | 意外！ | | |
| | 更多意外！ | | |
| 总计 | | | |

通过作业 10 "估算自己每年的生活费"。在第一栏填入你目前的年开销。你可以将之前填的作业 9 中的数据各乘以 12，得出你的年开销。

作业 10：估算每年的生活费

| 项目 | 你目前的总开销 |
|---|---|
| 住房 | |
| 房屋维护 | |
| 交通 | |
| 食物 | |
| 穿衣 | |
| 个人用品 | |
| 医疗和保健 | |
| 娱乐和教育 | |
| 捐款和慈善 | |
| 税收和保险 | |
| 存款和投资 | |
| 非常规开销 | |
| 度假 | |
| 年总额 | |

## ▶▶ 你的退休年龄

写下你的退休年龄。现在还在工作的人，这个步骤就很容易了。根据规定，男性的退休年龄是 60 岁，女性是 55 或 50 岁。希望提早退休的人，请仔细考虑，可以参阅前面有关退休目的的内容。

作业11：你的退休年龄

1）你想活到几岁？

这是一个棘手的问题。我们大多数人希望长命百岁，而有的人则觉得自己已经活够了。参见下方的预期寿命表，在表上核对你现在的年龄，找到相应的预期寿命。你可以写下自己期望的寿命。以下是你之前看过的表，给你参考：

表1　中国人预期寿命的历史数据

| 年份 | 男性 | 女性 | 总体 | 世界排名 | | |
| --- | --- | --- | --- | --- | --- | --- |
| | | | | 男 | 女 | 总体 |
| 1960 | 35.1 | 37.6 | 36.3 | 162 | 160 | 162 |
| 1970 | 61.0 | 62.5 | 61.7 | 67 | 79 | 74 |
| 1980 | 64.4 | 66.7 | 65.5 | 67 | 83 | 79 |
| 1990 | 66.9 | 69.7 | 68.3 | 62 | 95 | 87 |
| 2000 | 69.9 | 73.0 | 71.4 | 58 | 84 | 67 |
| 2010 | 72.5 | 76.8 | 74.5 | 60 | 77 | 64 |

作业12

你期望的寿命是：＿＿＿＿＿＿＿＿

2）从退休到生命的最后一天

用期望的寿命减去期望的退休年龄。比如，如果你期望的寿命是80岁，而你期望的退休年龄是60岁，那么你就有20年的黄金退休期。

作业 13

你期望的寿命是：_____

你的退休年龄是：_____

你的退休期有：_____年

## ▶▶ 所需的退休基金总额

简单演示一下这个计算过程。假设你的家庭开支是每月 2 万元，那么一年需要 24 万。如果你有 20 年的退休期（上述作业 13），那么你需要的总额就是 20 年乘以 24 万元。

作业 14

你的年开支：_____

你的退休期：_____年

所需的总额：_____

1）通胀系数

通货膨胀是商品和服务的总体价格水平所出现的大范围持续性增长。经济学家称，当一个国家的价格在一年内上涨 3% 或更多，那么该国就出现了通胀现象。

虽然通胀对每个人都有不利影响，但是靠固定收入过活的人会感到生活更加艰难，因为他们的收入没有随着价格的上涨而上涨。这就是为什么我们在制订退休计划时需要把通胀因素考虑在内。

现在，请理解我们只能尽量把估算做好。问问自己，中国 20 年后会出现怎样的通货膨胀。你可以按每年 3% 到 6% 的通胀率算。假设未来 20 年的通胀率是 5%，拿出你的计算器，算一下假如通胀每年呈 5% 的指数增长，20 年后会是多少。

2）将通胀考虑在内的退休基金总额

现在，我们来到退休基金计算的最后一个步骤。将你退休期间所需要的总金额乘以通胀系数，这样就会得到你将通胀考虑在内的退休基金总额。现在，你看到这个结果是一个很大的数字了吧？到了这一步，很多人可能会有两种反应。一种会说："哈，这么少？我明天就可以停工，然后过上像鸟儿一样自由自在的生活了!!"另一种是："天啊，我有没有算错？我上哪挣这么多钱去？我要开始卖血了。"不论你是何种反应，都别慌。我会帮你解决这个问题的。

# 步骤 7

## 你值多少钱

假设你给自己贴上标签，走到街上去把自己卖掉，你给自己标的是什么价？我肯定很多人都没有想过这个问题。退休之前知道自己有多少资产和债务是很重要的。

## ▶▶ 把自己卖掉

假设你给自己贴上标签，走到街上去把自己卖掉，你给自己标的是什么价？我肯定很多人都没有想过这个问题。有一次在我的一个课堂上，我给一位男学员标的价是400万元，他是一个企业老板。然后我问在场的女学员有没有人愿意买，很遗憾，没有人想买。真是很尴尬，呵呵。在接下来的5～10分钟里，跟着下面的步骤，**你将会知道你自己值多少钱！**

## ▶▶ 估算你的个人资产

退休之前知道自己有多少资产和债务是很重要的。估算个人资产之前，我们先把它分成两大部分：一是你的退休账户，即你的社保基金；二是非退休账户。

1. 你的退休账户

● 你的退休账户里有多少钱？

● 你的退休账户价值是多少？

● 你是否购买过额外的退休产品？

● 你有没有养老金或终身人寿保险保单？

### ━ 李统毅退休提示之六 ━

退休账户可以是你退休时获得的社保基金账户，也可以是你向保险公司或金融机构购买的独立性私人退休账户。

2. 你的非退休账户
- 储蓄账户
- 活期存款账户
- 货币市场存款账户
- 基金、股票或债券

除了那些你可以通过看结算报表得知所获价值的资产外，想想自己拥有的其他资产，比如你的公司（可能是负债，也可能是资产）、房子、汽车、收藏品或其他个人财产。这些有形资产的总价值，加上上面列出的退休账户和非退休账户里的价值，就是你的资产总和。

## ▶▶ 估算你的负债

跟公司的资产负债表一样，你资产一栏的反面就是你的债务。负债包括：
- 你的住房贷款
- 房屋净值信贷额度或房屋净值贷款
- 汽车贷款或租金
- 信用卡债
- 未付的医疗费
- 任何其他债务

填下方的作业 15，估算自己的净值。

### 作业 15：净值估算

| 资产 | ￥ | 债务 | ￥ |
|---|---|---|---|
| 个人资产 | | 贷款 | |
| 房子 | | 按揭 | |
| 车子 | | 汽车贷款 | |
| 其他 | | | |
| 投资 | | 其他 | |
| 定期存款 | | 信用卡 | |
| 房产 | | 纳税义务 | |
| 社保基金 | | | |
| 股票 | | | |
| 共同基金 | | | |
| 其他 | | | |
| | | 净值 | |
| 总计 | | | |

### 退休后收入来源

在一家公司里，资产负债表和现金流量，你觉得哪一个更重要？你可能也知道，不管一家公司资产多雄厚，只要一出现现金周转问题，麻烦就来了。这对个人来说亦是如此。

停止工作意味着你的工资也停止了。没有工资，你如何计划应付每天的日常开支呢？那些存款多的人会开始吃老本，大多数会靠这样或那样形式的月收入来保持手头宽裕。

你退休后的收入可能包括：

• 社会保障福利，受你是提早退休、推迟退休还是正常年龄退休的影响较大

• 有固定福利的退休账户

• 退休后做兼职工作

• 年金款

• 其他

根据汇丰调查认为社会养老金和现金存款是其退休后较为普遍的收入来源。

而从退休之后的收入构成来看，最主要的几项分别为社会养老金（29%），家庭存款（18%），个人养老金（18%）。但是我认为这个数据对你不一定准确，因为只是一个综合数据。根据不同的收入、城市、行业等细分，我在步骤10详细介绍了不同人群的投资渠道与方向。

表10　退休后收入来源

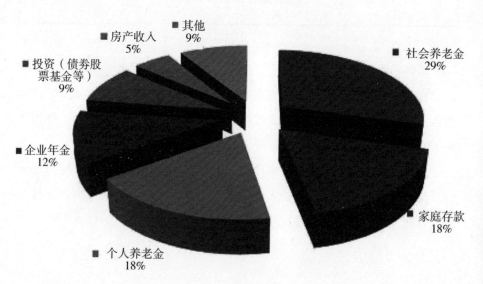

（信息来源：汇丰）

步骤 8

根据汇丰的调查报告，中国预计退休生活会持续 *20* 年（全球平均 *18* 年），但相应的退休储备并不充足，平均只够 *10* 年之用，呈现出 *10* 年的缺口，略高于全球平均 *8* 年的缺口水平。

　　根据汇丰的调查报告，中国人预计退休生活会持续 20 年（全球平均 18 年），但相应的退休储备并不充足，平均只够 10 年之用，呈现出 10 年的缺口，略高于全球平均 8 年的缺口水平。此外，报告指出，年均需约人民币 16.61 万元收入才能确保舒适的退休生活，受访者平均 29 岁开始为退休作储备。

表 11　退休储蓄缺口

| 排名 | 国家/地区 | 预计退休生活长度（平均年数） | 退休储备维持退休开支的年数（平均年数） | 退休储备缺口（平均年数） | 退休储备充足率 |
|---|---|---|---|---|---|
|  | 全球平均 | 18 | 10 | 8 | 56% |
| 1 | 英国 | 19 | 7 | 12 | 37% |
| 2 | 埃及 | 11 | 5 | 6 | 45% |
| 3 | 法国 | 19 | 9 | 10 | 47% |
| 4 | 中国 | 20 | 10 | 10 | 50% |
| 5 | 中国台湾 | 18 | 9 | 9 | 50% |
| 6 | 巴西 | 23 | 12 | 11 | 52% |
| 7 | 澳大利亚 | 21 | 11 | 10 | 52% |
| 8 | 墨西哥 | 17 | 9 | 8 | 53% |
| 9 | 新加坡 | 17 | 9 | 8 | 53% |
| 10 | 加拿大 | 19 | 11 | 8 | 58% |
| 11 | 阿联酋 | 5 | 9 | 6 | 60% |
| 12 | 中国香港 | 17 | 11 | 6 | 65% |
| 13 | 美国 | 21 | 14 | 7 | 67% |
| 14 | 印度 | 15 | 10 | 5 | 67% |
| 15 | 马来西亚 | 17 | 12 | 5 | 71% |

## ▶▶ 如何提高收入

你是员工还是老板？在我的退休计划课程上，这个比例一般是 50 : 50。如果你是员工，那么你的主要收入来源可能就是工资。你下班后有无兼职工作？也许卖水果？哈哈。不要看不起卖水果，因为有一个人，他就以卖水果为副业，后来他的水果公司在香港上市了。

如果你有自己的公司，是自己的老板，你现在可能经营得不错，但以后谁知道会怎么样？可能经济危机一来，你的大债务人逃之夭夭，你就一无所有了！我们都要想办法拥有多种收入来源，这一点很重要。

在阅读以下内容之前，请花 5 分钟写下你目前的收入渠道。

作业 16：目前收入渠道

| | |
|---|---|
| 1 | |
| 2 | |
| 3 | |
| 4 | |
| 5 | |

你是更愿意通过辛勤劳动挣钱呢，还是希望不劳而获（躺着就有钱）？大多数人都选择后者。

以下列出了你可能的收入来源：

1）主动型——工资

2）主动型——商业利润

3）主动型——兼职工作，比如卖水果

4）被动型——坐等投资回报

5）被动型——利息，股票分红

6）被动型——房产投资租金

# ▶▶ 估算你退休后的开销

常用的一个估算退休后日常生活开销的标准就是，退休后的开销是工作时的80%。但在现实中，这个数目的范围更广。从不同的目标到不同的资源，每个人退休后的生活开销会存在很大的差异性。

以下例子可以说明你退休后的生活开销如何随着时间的推移发生改变。

- 如果你想要去"看看世界"，旅行的费用会大幅增加。
- 退休后，随着你渐渐变老，更容易经常生病，很不幸地，医疗费也会增多。

但是，也有一些持续性费用。根据你的退休身份，你的许多其他开销会继续存在，且不会发生实质性改变，这些费用包括：

- 杂费。
- 住房贷款。
- 水电油气费。
- 汽车贷款。
- 娱乐。

我们需要讨论的一个最重要的话题是，**如果退休后我们入不敷出，那该怎么办？**

- 快速总结一下自己的收入和开销。
- 这么做以后，很少有人发现自己是开销少于收入的。
- 如此一来，大多数人就会靠自己的老本来填补差额，他们要么领取自己的年金，要么取出存款的一部分来补上这个空缺。

## ▶▶ 没准备好

如果说明天退休听起来不现实，别发愁。考虑一下推迟退休，或退休后做点兼职。每推迟退休一年，它就会给你带来很多好处。推迟一年之所以有好处是因为：

- 这一年你不会动用到自己的资产。
- 这一年你可以多存点钱。
- 你的社会保障福利又增加了。
- 这意味着你少了一年自己养活自己的时间。

填写下方的作业17，了解更多有关应对现金流量的信息。

**作业17：预期将来退休时的现金流量（￥）**

| 现金流入量 | 目前 | 退休时 | 现金流出量 | 目前 | 退休时 |
|---|---|---|---|---|---|
| 主动收入 | | | 偿还贷款 | | |
| 工资 | | | 房屋分期贷款 | | |
| 商业收入 | | | 汽车分期贷款 | | |
| | | | | | |
| 被动收入 | | | 生活开销 | | |
| －租金 | | | | | |
| －利息 | | | 其他 | | |
| －分红 | | | 保险费 | | |
| | | | 税款 | | |
| | | | | | |
| | | | 净现金流入 | | |
| | | | | | |
| 总计 | | | | | |

你可以通过用自己的资产减去负债，算出自己的净值。如果你的净值为正数，你就有自己的净资产，否则你就处于负债状态。

## ▶▶ 找出缺口

结合上述步骤得出的个人净值和未来退休后的现金流量，你应该相当清楚自己的资产或负债情况了。用"作业 14"中你退休后所需的总金额减去"作业 15"（即你的净值），就可以知道你的资金缺口有多大。在下章中，我会与你分享如何通过投资填补这一缺口以及如何提高你的收入。

---

**李统毅退休提示之七**

即使是像通用汽车这样拥有庞大资产的大公司也会在金融危机期间由于资金短缺而面临破产的危险。现金流量也对你的净值估算有重要作用。

---

# 步骤 9

## 把钱放在哪里

老百姓与高净值个人之间最大的区别在于，大多数老百姓投资比较单一。美国人，日本人，德国人把钱放在哪里？看看国外老百姓及国内高净值个人的投资渠道。

你已经在前文估算过自己退休后的开销，确定了自己的收入目标，并计算了要达到目标所需的每月投资，那么现在你可以知道自己退休后的开销总额了。

你既然准备好了就要将计划付诸行动。也许，跟我们中的许多人一样，你也在问自己，要去哪里找这些钱来进行每月投资。

在阅读以下内容之前，请花5分钟写下你目前把钱放在哪里。

作业18：目前投资渠道（钱放在哪里）

| | |
|---|---|
| 1 | |
| 2 | |
| 3 | |
| 4 | |
| 5 | |

## ▶▶ 老百姓的投资选择

在我们谈投资策略之前，我们要先了解老百姓目前把钱都放在哪里。

表12 老百姓投资最多的产品

| 产品 | 百分比 |
|---|---|
| 存款 | 41.50% |
| 教育基金 | 30.80% |
| 房地产 | 28.80% |
| 股票 | 25.40% |
| 公司 | 17.00% |
| 外汇 | 11.70% |
| 收藏品 | 11.50% |
| 基金 | 10.70% |
| 公司债券 | 10.50% |

（续上表）

| 产品 | 百分比 |
|------|--------|
| 黄金和珠宝 | 10.20% |
| 风险投资 | 10.00% |
| 期货 | 6.20% |
| 私募配售 | 5.30% |

（信息来源：李统毅"退休计划课程"研究报告）

根据上表，多数情况下（除一些例外情况），老百姓与高净值个人（HNWI）之间最大的区别在于，**大多数老百姓把钱都存在银行**。如果你把自己的大部分钱都存在银行，赚非常低的利息，可能低于通胀率，你得到的其实是负利息。

## ▶▶ 国外老百姓投资比较

### 美国人

美国以其先进的金融产业而著称，基金是最受欢迎的普通民众投资产品。据最近调查，1/3 以上的美国人拥有共同基金。他们为什么要买基金呢？这是由于共同基金的回报符合安全投资的原则。

美国人偏爱购买基金而非直接购买股票的另一原因是股票市场的高风险。他们对共同基金更有信心，因为共同基金的投资决定是由专业的基金经理人团队共同做出的。此外，经由投资组合管理，风险得以分散。

总的来说，**美国人是长期投资者**。据调查，（股票）平均持有的年限在 3～4 年。这反映出他们看重的是长期市场，而非着眼于短期交易。

### 日本人

就股票市场而言，日本是世界上最发达的市场之一。历史表明，日本市场在 20 世纪 80 年代经历高速成长，而在 20 世纪 90 年代却遭受了泡沫破灭。在市场崩溃之后，日本投资者变得更为冷静了。

日本家庭主妇的看法是，家庭金融规划应量力而为。这意味着投资应该使用余钱，也就是月收入减去所有花费，并有能力储蓄，且保证孩子的教育费用以及意料之外的花费，剩下的他们才会去购买债券、股票或基金。计划好的投资决定应不留遗憾，更应经过准确判断是能增加收益的。

### 德国人

与美国和英国的投资者相比，德国普通民众在家庭金融规划中很少购买股票。据调查，股票投资者仅占总人口的20%以下。而英国这一比例是25%，美国则大约是1/3。为什么德国人不喜欢股票市场呢？

德国现行的社保和养老金体系使得德国人要支付不同类型的社保和养老金。这样普通民众的"活钱"就很有限。随着时间推移，德国普通民众变得更加保守，他们倾向于投资低风险、回报率小的产品如养老保险、储蓄或房产。

德国人认为股票市场是让基金管理公司、银行或其他金融机构交易的。对于个人投资者来说，他们可以通过购买债券、基金或投资连结保险参与其中。

## ▶▶ 富人的投资渠道

根据我在超过 20 个省份进行的调查，大多数高净值个人都从事以下行业：

表13　高净值个人所从事的行业代表

| 行业 | 百分比 |
|---|---|
| 商业和贸易 | 12.30% |
| 制造业 | 12.20% |
| 服务业 | 12.00% |
| 建筑业 | 7.50% |
| IT | 5.80% |
| 金融 | 5.60% |
| 时尚 | 4.90% |
| 食品和饮料 | 4.80% |
| 医疗 | 4.70% |
| 房地产 | 4.60% |
| 交通 | 4.30% |
| 电信 | 3.50% |

表14　高净值个人投资类别

| 产品 | 百分比 |
|---|---|
| 房地产 | 14.80% |
| 儿童教育基金 | 13.40% |
| 股市 | 12.30% |
| 保险 | 11.40% |
| 存款 | 10.80% |
| 政府债券 | 8.10% |
| 公司投资 | 7.80% |
| 收藏品 | 4.40% |
| 外汇 | 4.30% |
| 黄金和珠宝 | 3.80% |
| 风险投资 | 3.10% |
| 公司债券 | 3.00% |
| 基金 | 2.80% |
| 期货 | 2.40% |
| 私募配售 | 1.40% |

（信息来源：李统毅"退休计划课程"研究报告）

## 李统毅退休提示之八

你也许会问，孩子呢？是资产还是投资？

孩子不是一种资产。基本算负债。从他们出生的那一刻起，你供他们上小学、中学、大学，然后工作，甚至结婚和婚后买房……

这15种类别中，我相信80%以上的人其实仅涉及3～4种，最多5种。问问自己，你如果投资，会优先考虑哪4种类别？是房地产、股票、公司还是银行？没有自己开公司的人，一般只选择3种。

根据我针对高净值个人所做的调查，排名最前的3种投资类别会随着投资者所在地的不同而不同。

表15 不同地方高净值个人的投资类别

| 编号 | 北京 | 上海 | 广州 | 武汉 | 成都 | 西安 | 沈阳 |
|---|---|---|---|---|---|---|---|
| 1 | 存款 15.80% | 股票 20.50% | 教育基金 13.60% | 房地产 16.10% | 房地产 19.30% | 教育基金 29.20% | 保险 21.00% |
| 2 | 保险 13.00% | 房地产 17.90% | 房地产 10.90% | 股票 14.10% | 股票 12.00% | 房地产 16.20% | 房地产 15.80% |
| 3 | 股票 12.30% | 外汇 8.60% | 股票 8.20% | 政府债券 12.80% | 存款 12.00% | 保险 14.90% | 股票 14.50% |

（信息来源：李统毅"退休计划课程"研究报告）

排名前3的投资产品也会随着个人年收入的不同而有所变化。

表16 按收入分类的投资产品偏好（按人民币计）

| 50万以下 | | 50万—100万 | | 100万—200万 | | 200万以上 | |
|---|---|---|---|---|---|---|---|
| 房地产 | 15.32% | 股票 | 13.48% | 房地产 | 14.96% | 房地产 | 24.80% |
| 教育基金 | 14.92% | 房地产 | 12.70% | 股票 | 13.39% | 股票 | 18.10% |
| 保险 | 11.29% | 教育基金 | 11.91% | 教育基金 | 11.02% | 教育基金 | 15.64% |
| 股票 | 9.68% | 存款 | 11.72% | 公司 | 10.24% | 保险 | 11.74% |
| 存款 | 8.06% | 保险 | 10.74% | 收藏品 | 8.66% | 外汇 | 9.09% |
| 政府债券 | 8.06% | 政府债券 | 9.57% | 保险 | 8.66% | 存款 | 8.04% |
| 黄金 | 5.65% | 公司 | 7.81% | 政府债券 | 4.72% | 公司 | 6.06% |
| 公司 | 4.44% | 收藏品 | 4.49% | 期货 | 4.72% | 公司债券 | 6.05% |

（信息来源：李统毅"退休计划课程"研究报告）

如果你目前投资渠道的三种产品同上表一样，祝贺你！

**这是最佳的投资亏钱组合。**我来解释一下原因。你现在有没有把很多钱投在股市？你有没有从之前买的房产中获利（或者每次都对自己说房价会上去的)？你赚到银行存款的利息了吗？如果这三个问题你有两个或全部都否定回答，那么你应该为自己退休后的收入来源担心了。

## ▶▶ 根据个性选择投资产品

不是每种金融产品都适合每一个人。比如，有些人可能不敢冒险，只有把钱放在银行他们才安心，而且还得是附近的银行，不能是国际银行，更别提是外国的银行。这类投资者希望自己的钱是随时看得见、摸得着的。

另一种极端是，我见过一些人什么都不怕失去。他们非常有勇气，极具冒险精神，不怕失败。我经常问我的退休计划论坛的参与者："如果你有100美元的总资产，现在我要你把它全部投在股市，你能承受多大的风险？"大多数人的回答都在5%到20%之间。一小部分人告诉我是50%，还有些非常极端的人，大概100个中有5个，说是90%。

在现实中，**我们大多数人都属于中间那部分：既不太胆小，也不太冒进**。内心深处，我们都明白高回报就会有高风险，低风险带来低回报。当然，每个人都希望没有风险地获得200%的年收益。如果你找到那种产品，麻烦给我打个电话。这种情况是不会发生的。位于中间的这部分人在我的调查中占50%～80%，他们投资是为了有合理的回报。他们中有很多人要求有更高的银行利率，而其他则要求在10%～20%的范围中。我总是提醒他们，即使是巴菲特每年平均也只赚20%。

就投资而言，我把投资者的类别分为三种：

i）保守类

ii）适度类

iii）激进类

作业 19：你是哪个类别？（打 "√"）

|  | 0% | 10%～20% | 20%～40% | 50%～100% |
|---|---|---|---|---|
| 可承受的风险 |  |  |  |  |
| 希望投资回报 |  |  |  |  |

读到这，你一定了解自己属于其中哪类。了解这个有助于你选择投资产品，明白自己缺少什么，以及如何提高收益。

# 步骤 10

## 投资策略

把可供选择的投资产品建成一个金字塔模型，看看各类投资产品的风险和回报关系，并对你是否缺少任何投资产品种类进行深入探讨。

## ▶▶ 李统毅金字塔投资法

了解了目前的问题和可供选择的投资产品类别后，我们把这些类别建成一个金字塔模型，看看各类投资产品的风险和回报关系，并对你是否缺少任何投资产品种类进行深入探讨。**我将之称为"李统毅金字塔投资法"。**

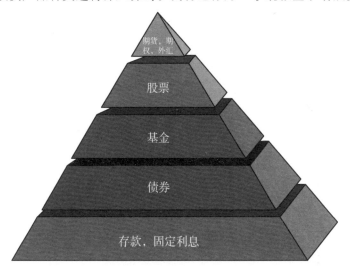

**李统毅"金字塔投资法"**

作业 20：写下目前你的投资渠道比例（百分比）

| 渠道 | 投资比例（%） |
|---|---|
| 存款 | |
| 债券 | |
| 基金 | |
| 股票 | |
| 期货 | |
| 其他 | |

## ▶▶ **存款**

这就是你需要的最基本的产品。这类金融工具包括：保险、银行存款和定期存款。

对许多人来说，创造财富的唯一方式或最初方式就是存钱。这对于那些不愿承担风险且对投资没有多大兴趣的人来说，的确如此。只有存钱，你才能够在银行有存款，或进行其他投资。到将来退休的时候，你今天存的钱可能就翻了好几倍。**关键是要行动，且要马上行动。**多亏有了复利的奇迹，你今天存的钱才有机会增值到最大。你每等一年都会造成浪费，所以要确保自己存够钱。

---

### 李统毅退休提示之九

保险是进行终身退休计划中最基本的金融工具。

即使不喜欢，你也需要保险。自身难保，投资免谈。

---

## ▶▶ **债券**

还有其他一些金融产品能提供比银行更高的利息，同时也有相当好的安全性。这类金融工具包括：政府债券、公司债券和债券基金。债券的可靠性还取决于信用评级。

债券可以是你投资组合中的一个重要部分，可能有助于**减少组合整体价值出现波动**，提高投资收入，并为将来的开销（比如大学学费和退休开销）做好准备。

债券如何能改善投资组合呢？投资债券有助于实现许多不同的投资目

标，包括创收、组合多样化，甚至增长。

创收：传统的有息债券会定期支付利息，一般是每半年、每季度或每月支付一次。这些债券支付的利息是固定的，也就是说，你收到的每一笔利息永远都是一样的。这种按期支付固定款项的做法非常诱人，尤其对那些依靠固定收入来满足日常开销的投资者来说。事实上，投资者常常会将一部分投资组合用于债券投资，以满足退休后的年生活开销。

增长或总收益：尽管人们看重债券往往是因为它们可以创收，但其实债券还可以作为一种增长型投资。这发生在银行利率降低到少于债券利率时，债券对其他投资者就非常有吸引力，同时也让原本就持有债券的投资者可以以高于票面的价值出售债券。

---

## 李统毅退休提示之十

因为债券价格的起落是与利率成反比的，所以如果是出于增长的目的投资债券，你应能经受住这种价格的波动，或愿意坚持你的债券投资直至债券到期。

---

## ▶▶ 基金

对于那些有意投资股市但没有时间、技巧或大笔钱的低风险投资者，这里建议考虑下列金融工具：共同基金、平衡基金、收益基金、成长基金、蓝筹股、指数基金或交易所交易基金。

基金是比较受欢迎的投资产品，因为它既具有成本效益又高效，**无需有太大的期初投资就可以使你的投资多样化**（或者拥有多种有价证券——股票、债券等）。

当你买了基金后，就等于把你的钱与其他投资者的钱聚集在一起，通过基金（也就是一个专业的理财公司）对你们的钱进行投资和管理，以实现该基金的特定投资目标（比如：实现增长、创收，或二者皆有）。这可以让你用最小的投入迅速实现投资组合的多样化。但是必须注意的是，没人能保证你投资的那只共有基金一定会实现它的目标。

### 投资基金之前你需要知道的事情

在投资一家基金公司的一种或多种基金之前，你应认真考虑这家公司的**投资目标、风险、收费和支出**。你的银行理财顾问或证券经纪公司的理财顾问可以为你提供有关该共同基金这样或那样的重要说明信息。投资该共同基金或汇钱之前，请仔细阅读这些说明信息。

### 交易所交易基金

交易所交易基金（ETFs）从本质上说是一种证券组合，或像个股一样在交易所进行交易的金融工具组合。ETFs 的优点包括：交易的灵活性。由于 ETFs 是在交易所进行交易，它们全天都可以买进或卖出。交易所交易基金还允许你采用限价指令或止损指令，看涨买进和卖空。ETFs 可以跟踪某个特定行业、特定国家或大盘的指数。ETFs 还可以使你的整体投资组合多样化，因为一个基金份额或单位可能就代表着多种基础股票、债券和（或）其他资产类别。另一个优点是费用率。总的来说，它的基本费用或开支比较低。非传统型和积极管理型 ETFS 一般比传统型费用更高。

与股票一样，交易所交易基金有一定的风险。投资回报可能会出现起伏，且受市场波动影响，因此投资者的份额在赎回或出售时有可能比买入价高，也有可能比买入价低。ETFs 股份的买进和卖出都是按市场价格而定，这个价格可能与 ETFs 的净资产值有很大的不同，并且不会单独从基金中赎回。

►► **股票**

随着金字塔的顶端变得越来越窄，你的收益会更多，同时风险也更大。这类金融工具包括小盘股和 T 股。

进行股票投资时，了解自己的投资目标非常重要，还要了解自己的投资时间框架和自己愿意承担的股票投资风险，这些都有助于你决定股票投资应如何与投资组合中的其他产品配合。

股票组合多样化有助于抵消股票投资面临的风险。你的目标应该是**将股票投资分散在不同的行业，并包括不同的投资属性**，以便当某一股票或行业表现不佳时，其他行业的股票可以抵消你的股票组合总值的波动。下表是上证交易指数在过去 20 多年间的表现。

表 17　上证指数历史数据

| 日期 | 收盘 |
| --- | --- |
| 2015. 1. 4 | 3350. 52 |
| 2014. 1. 3 | 2083. 14 |
| 2013. 1. 4 | 2276. 99 |
| 2012. 1. 4 | 2359. 16 |
| 2011. 1. 4 | 2199. 42 |
| 2010. 1. 4 | 2808. 08 |
| 2009. 1. 5 | 3277. 14 |
| 2008. 1. 2 | 1820. 81 |
| 2007. 1. 4 | 5261. 56 |
| 2006. 1. 4 | 2675. 47 |
| 2005. 1. 4 | 1161. 06 |
| 2004. 1. 2 | 1266. 50 |
| 2003. 1. 2 | 1497. 04 |
| 2002. 1. 4 | 1357. 65 |

（续上表）

| 日期 | 收盘 |
| --- | --- |
| 2001. 1. 2 | 1645. 97 |
| 2000. 1. 4 | 2073. 48 |
| 1999. 1. 4 | 1366. 58 |
| 1998. 1. 5 | 1146. 70 |
| 1997. 1. 2 | 1194. 10 |
| 1996. 1. 2 | 917. 02 |
| 1995. 1. 3 | 555. 29 |
| 1994. 1. 3 | 647. 87 |
| 1993. 1. 4 | 833. 80 |
| 1992. 1. 2 | 780. 39 |
| 1991. 1. 2 | 292. 75 |

## 李统毅退休提示之十一

要投资约 20 到 30 种股票，这些股票必须至少涉及 6 到 8 种行业，并且有不同的投资属性。不要让其中任何一个行业占超过 30% 的股票投资组合总值。也不要让其中任何一种股票占超过 20% 的股票投资组合总值。

## ▶▶ 期货和商品期货

这是金字塔的顶端，代表着最高的收益和风险。大多数投资者没有涉足这类产品。这一类型的金融工具包括：期货、商品期货、外汇、期权。

期货和商品期货投资者会利用金融和非金融市场（比如能源、谷物、肉类和金属）中的高杠杆，这意味着他们只需交占合约总价很小比例的定金就能买入期货合约。他们的目的就是从期货合约价格的变动中获利。以下就是黄金期货过去 10 多年来的价格变化情况。

表 18　黄金历史价格

| 时间 | 黄金 |
|---|---|
| 2002 年 | 309.73 美元/盎司 |
| 2003 年 | 403.00 美元/盎司 |
| 2004 年 | 428.00 美元/盎司 |
| 2005 年 | 500.00 美元/盎司 |
| 2006 年 | 502.34 美元/盎司 |
| 2007 年 | 645.00 美元/盎司 |
| 2008 年 | 719.00 美元/盎司 |
| 2009 年 | 879.00 美元/盎司 |
| 2010 年 | 1199.00 美元/盎司 |
| 2011 年 | 1731.45 美元/盎司 |
| 2012 年 | 1800.00 美元/盎司 |
| 2013 年 | 1201.00 美元/盎司 |
| 2014 年 | 1184.10 美元/盎司 |

因为期货和商品期货市场非常难以预料——常常会出现剧烈波动，因此并不是对所有投资者都适合。你的投资有可能会血本无归，有时甚至还会再倒贴钱。而且，有时候你还会出现期货合约清算困难，这可能会限制你的现金兑换。

### 期权

期权是允许（但不强制）期权持有者在一段时期内以一个预定价格（称为"行使价"）买进或卖出标的证券股份的一种合约。投资者一般通过期权对冲现有投资。购买期权后，投资者损失已付保证金的风险会降低，同时有潜在的获利机会。

请注意：尽管期权可以用来对冲现有投资，但它也可能让你面临潜在的巨大风险。购买期权的投资者可能会在很短的时间内就损失掉用于期权投资的全部资金。

### 期权的优点

虽然从事期权买卖有很多风险，但一些投资组合比较复杂的投资者，通过采用与自己整体投资组合相匹配的期权策略，也会获利。在正常情况下，期权对你有以下帮助：

- 避免你的股票因受市场价格影响而出现下跌
- 增加现有股票的收入
- 做好准备在低价时买进股票
- 在市场出现重大变动时进行定位
- 在不花费股票买进或卖出成本的情况下，从股票价格的起伏中获利

### 期权的买进和卖出

购买期权就等于购买了以特定价格买进或卖出相关投资的权利。但是，这并不意味着你一定得要对这笔投资进行买卖。期权只是给了你买卖的权利，而不是义务。

卖出期权就等于将买卖相关投资的权利出售给其他投资者。该投资者可以自行决定是买进还是卖出这笔相关投资，而你则已经放弃了这一决定权。

看完"李统毅金字塔投资法"后，如果有启发，适当地修改你的投资比例。

作业 21：修改投资比例

| 投资渠道 | 修改前比例(％) | 修改后比例(％) |
|---|---|---|
| 保险、银行存款和定期存款 | | |
| 政府债券、公司债券和债券基金 | | |
| 共同基金、平衡基金、收益基金、成长基金、蓝筹股、指数基金或交易所交易基金 | | |
| 小市值股、中值股、T 股 | | |
| 期货、商品期货、外汇、期权 | | |
| 其他 | | |

参考退休计划官方博客了解其他投资渠道 http://blog.sina.com.cn/at-xcn

# 步骤 11

## 人生的前三个阶段

我们常常听说过各种各样的保险，但却并不了解它们的具体含义，更重要的是，很多人对保险有点排斥。了解人生前三个阶段需要的保险，从上学到结婚，从已婚变成为人父母。

　　如果把人生看作是一场戏，那它可以分成好多幕。从我们出生的那天起，尤其在现代社会，多数父母都望子成龙，望女成凤。这与在我们之前的一两代人非常不同。我发现现在的很多孩子去幼儿园都背个大书包，那书包看起来就像机场里的拖拉箱，我都不知道说什么好了。从幼儿园到大学，我们受了这么多年的教育。完成大学或高等教育后，我们进入职场，希望找个自己心仪的工作。截至这个阶段，我们都一直过着单身生活。

　　接下来可能你就得找对象了，可能相爱了，然后结婚。有些人是因为事业心比较强，所以结婚比较晚。还有些人就是不想太早结婚。但他们的父母可不乐意。在当今社会，人们的婚姻观也在发生改变。我们结婚的目的已经和我们的上一代不一样了。同时我们也发现，大城市的离婚率在上升。结婚以后，你会希望自己出来住。你可能不会再和父母住在一起。由于房价较高，可能父母会给你付全部或一部分的房款。在这一阶段，你的身份从单身变成了已婚。

　　你会因新家庭成员——宝宝——的到来而欣喜若狂。不知不觉间，你已开始承担起各种各样的新开销：奶粉、幼儿园、学前班、医疗费、小学、学费、兴趣班等等。在我的退休计划论坛上，我碰到一对来上课的夫妻，他们告诉我他们 6 岁女儿从周一到周日的日程表。我很吃惊。这个小女孩似乎没有什么是不学的，琴棋书画无所不能。后来，我给这对夫妻提了一些建议。我还知道现在有些幼儿园和学前班收费非常高。你知道把一个孩子从出生养到上大学需要花多少钱吗？在人生的这一阶段，你的身份从已婚变成为人父母。

保险

　　我们听说过各种各样的保险，但却并不了解它们的具体含义，更重要的是，不了解它们的保护内容。事实上，**保险主要分为两种：一是人寿保险，二是涵盖生活方方面面的一般保险**。为了简洁，我在这里就说几种主要类型的保险，且不作深入探究。要了解更多信息，你可以联系保险公司。

## ▶▶ 人生阶段1：单身

在人生的第一个阶段，你是处于单身状态。作为单身人士，你是花的多还是存的多？如果你还记得的话，我们大多数人在单身的时候是花钱比存钱多。就因为我们没有成家，所以我们的责任更少。在这一阶段，买一份基本的人寿保险绝对有好处——这对那些花钱无节制的人来说就等于是一个**存钱计划**。

**人寿保险**

人寿保险的承保范围包括为伤者或其指定受益人就某一事件（如伤者死亡）赔付一定数量的保险金。

人寿保险的承保期一般都超过一年。所以，它要求按期交付保险费，可以是每月、每季度或每年。

为自己和自己所爱的人购买人寿保险有助于保证在困难时期可以获得经济上的安定。如果你发生不幸，保单上的钱会赔付给你所爱的人，或者如果你遭受永久性完全残疾或损伤，那么保单上的钱就会赔付给你。

为什么要买人寿保险：

1）保证你的直系亲属在你发生不幸后可以获得一些资金支持。

2）资助你的孩子接受教育。

3）提供一个储蓄计划，以便未来你退休后有一个稳定的收入来源。

4）在你因重病或意外而收入锐减时保证你有额外所得。

**人寿保险分类选择**

定期人寿保险：提供一定期限内的保险保障，赔付的前提是投保人在投保期间身故或遭受永久性完全残疾。

终身人寿保险：提供终身保护和保险金，保险金包括分红，在投保人身故或遭受永久性完全残疾时赔付。

记得要在申请表上忠实地提供有关自己的全部情况。如果你的申请表是由保险代理人代为填写，确保自己在签字之前仔细通读过并理解了全部要求。否则，如对一些重要事实有任何隐瞒，你的保单将无效。

除了以上两种选择之外，你还可以试试投资型保险。

### 投资型保险

投资型保险计划是一种将投资与保护连接在一起的人寿保险。你所交的保险金中不仅包含寿险，其中一部分还将投入由你自行选择的投资基金中。你可以自己决定保护和投资在你所交的保险费中分别占何种比例。

为什么要买投资型保险

1）你希望能灵活选择自己的保护和投资水平比例。

2）你希望能根据自己个人的经济情况改变投保范围或保险费的数额。

3）你可以根据自己能承担的风险程度灵活地选择所投资的基金类型。

4）你希望有一个储蓄计划，以便在退休后还能维持现有的生活水准。

## 李统毅退休提示之十二

与其他类型的投资一样，投资型保险计划也存在风险。基金单位的卖出既可能带来收益，也可能造成损失，甚至还可能让你再倒贴钱。投资型基金所记录的过去的业绩表现只能作为其未来表现的一个参考。

## ▶▶ 人生阶段2：结婚

在享受了一段时期的单身生活后，你会找一个对象（或由父母安排相亲），然后迎接那个特别的时刻——婚礼。结婚了！这对大多数人来说一定是非常美好的回忆。临近结婚时，很正常地，双方父母想要保证新人能有地方住。因此你需要房子。你可能想要买份房屋保险。

房屋保险也称为房屋所有人保险或房屋持有人保险，是成年人购买的最重要的保险之一。你的房子是你进行的一个最大的金融投资，这就是为什么对房子的保护这么重要。房屋保险主要有以下三种。

**保单类型**

1）基本火灾保险

该类保险的承保范围包括因火灾、闪电或爆炸而造成的投保物业（即房子、商店和工厂）损失或破坏。

2）房屋所有人保险

该类保险提供相对基本火灾保险而言的额外承保范围。它包括因洪涝、管道破裂等造成的房屋损失或破坏。

3）房屋持有人保险

该类保险的承保范围包括房屋财物，无论是你或你所投保的物业发生致命性伤害，它都进行赔付。

当你为自己的房产购买保险时，要始终确保你的房产在任何时候都得到充分的保险保障，同时要将房产的整修和改进考虑在内。如果你希望自己的房子以及房内财物都能受到综合保障，那么你应该购买房屋所有人保险加上房屋持有人保险。

## ▶▶ 人生阶段 3：为人父母

你又要迎接另一个美好的日子。你有小孩啦！以前是年老后儿子比较重要，因为他可以延续家族香火、传宗接代。但是，现在情况已经发生了改变。在我们这一代，男女同样重要。

你知道把一个孩子从出生养到上大学需要花多少钱吗？在"退休计划"课程里，这个问题引起了巨大反响。大家为此展开激烈争论。有的说要 50 万，其他则说至少需要 100 万。它可能会随着地区和个人期望的不同而不同，比如有人会把孩子送到国际学校，有人送到当地大学，或者有人送到国外大学。

我们从讨论基本问题入手。儿童教育储蓄险是一种人寿保险产品，它作为一种储蓄工具为达到年龄（18 岁及以上）的孩子提供接受高等教育所需的资金。这些积蓄基金可以用来支付孩子接受高等教育的费用。在这种保险中，孩子是被投保人，而其父（母）或法定监护人是投保人。

**为什么需要儿童教育储蓄险？**

高等教育的费用越来越高。接受高等教育的成本会给你和你的家庭带来经济负担。这就是为什么尽快为自己的孩子进行教育规划是如此的重要。计划得越早，你就留了更多的时间累积你的储蓄。儿童教育储蓄险将解决你的孩子接受高等教育的学费问题，并确保不管未来发生什么，你的孩子还是有办法追求自己的生活目标。

# 步骤 12

## 人生的后三个阶段

有时我们会想，自己工作这么辛苦是为了什么？典型的回答是：为了从此过上更好的生活。所以我们开始工作、工作、再工作。问题是，我们忘了停下来，回头想想自己最初的目的。

"每个成功男人的背后都有一个伟大的女人。"现在这个说法要颠倒过来了。当肩上的责任越来越多的时候，男孩就成长为男人。我们经常会思考，到底应该是事业为重还是家庭为重。如果你是单身，回到家里你会感觉到孤单。如果你是"月光族"，那没问题，因为你只要养活自己就行了。但是如果你成家了，你就得更努力地工作，因为你知道，当你回家时，你的爱人和孩子在等待着你。这一阶段的你可能正处于事业的高峰，你可能在 30 到 45 岁之间，你可能经常加班、出差，或者和客户应酬。

有时我们会想，自己工作这么辛苦是为了什么？典型的回答是：为了从此过上更好的生活。所以我们开始工作、工作、再工作。问题是，我们忘了停下来，回头想想自己最初的目的。我们在本书的第一部分了解了进行退休计划的目的。准备退休的过程中，我们应该要考虑很多事情。其中最实际的就是，我们有没有足够的资金支持我们的余生。因此，你应该尽可能早地开始你的退休计划。

在人生的第 6 阶段，你已经完全退休，或者那些没有事情做就不高兴的人，则是处于半退休状态。我澄清一点，完全退休并不意味着就是坐在家里等死。相反，你已经获得了经济上的自由，并有时间去做自己一直想做但之前不能做的事。

## ▶▶ 人生阶段 4：事业巅峰

我曾给全国的 EMBA 学员开过为时 1 个小时的"退休计划介绍"课。我已经在中国的一些大学连续 10 年开设 EMBA 课程，他们告诉我，"退休计划介绍"是他们学校最受欢迎的课程。有些还想深入学习的学生后来又参加了 2 天的"个人退休计划与财富管理"课程。经过 10 年的时间，目前退休计划课程已有 7 个系列，包括：退休计划，财富管理，二代培养，离岸金融等。（参考：www. atxcn. com ）

这些学员中有很多人是政府行政人员，还有国有企业董事长、私企老板、上市公司 CEO、高层管理人员、小企业主等。

这部分学生一般从 30 岁到 60 岁不等，平均年龄在 45 岁，大多数都处于事业巅峰，有些还被称为"飞人"，因为经常要在各个城市之间飞来飞去。

我的一个学生是创业板其中一家最大上市公司的 CEO。没认识他之前，我想我三个月内飞二十几个国家（不是城市）已经很多，结果他告诉我，他有时一天要飞 3 趟去视察他的公司。我真的非常惊诧于他的精力。我非常钦佩这些企业家。做生意大多需要经常出差、喝酒、抽烟，这些都很正常，但会损害我们的健康。让我来问一个问题：这一阶段哪一个更重要——钱，还是健康？在我之前的班里还有人选钱。

人生的第 4 阶段：在事业处于巅峰的时候，最重要的不是钱，而是健康。

### 健康险

医疗和健康保险是用于支付公共和私人医疗开销（私人医疗费可能非常昂贵，尤其是住院费和手续费）的一种保险。健康险还确保你不会为紧急就医的费用担心。另外，在你接受治疗期间还为你提供收入流。

医疗和健康险主要分为四种：

1）住院和手术费用险。

2）重大疾病或危险疾病险。

3）失能保险。

4）收入保障险。

## 李统毅退休提示之十三

即使你已经参与了单位的团体保险，你也应该再办理个人保险，因为这样你不仅可以根据个人情况进行投保，而且无须担心如果换工作就会失去原来的保险。

## ▶▶ 人生阶段 5：准备退休

在经历过人生的起起伏伏之后，你终于到了退休的阶段。在人生的这一阶段，自己的孩子已经长大成人，也可能成家了。幸运的话，你可能都有孙子或孙女了。你和爱人可以不用再每天都去工作了。你可以做点事情或去自己一直都想去的地方！去西藏！去埃及看金字塔，坐邮轮去阿拉斯加，去欧洲或美国旅游！

如果你认为自己退休后的花销应该会更少，这种想法并不完全正确。如果你想要维持退休前的生活方式，如果你想要环游世界，如果你有奢侈爱好（比如收集艺术品或收藏品），那么你需要的钱会更多。你的收入来源从哪里来呢？从社保中来吗？从存款中来吗？

在到达第 5 阶段之前，**准备好退休年金是很重要的。**

退休年金是保险公司与你签订的一种同意为你提供退休收入流的合约。一般来说，一位退休人士可能需要他最后薪金金额的 60%，才能保证在退休后还能保有当前的生活水准。

社会保障基金的缴款可以是退休后的一个重要的收入来源，但是研究表明，大多数人认为社保金作为一种收入来源不足以支持他们退休后的生活开销。而退休年金可以保证你退休后的余生都能受到照顾。

为什么要买退休年金：

1）它可以保证你拥有终身收入、消除不确定性和各种问题。

2）保证你所爱的人在你身故后还有收入。

## ▶▶ 人生阶段 6：完美谢幕

人生最后一个阶段（即退休阶段）一般在 50 到 80 岁之间。在这一阶段的你还会买保险吗？即便你在 70 岁时还打算买健康险，保险公司可能也不会有多大兴趣要卖给你了。为什么？因为你属于超高龄群体。在这一阶段，你可以收回自己的所有投资、保险和存款所得。我还见过有些退休人士 60 多岁了还在存钱。我总是鼓励他们在人生的最后阶段多花钱。为什么还要存呢？是要活到 120 岁还是在为来生做准备呢？

趁我没忘的时候，我再谈谈你在人生的每个阶段都需要的一种保险，那就是人身意外险。

人身意外险是在因暴力、意外、外部和明显事件而造成伤害、伤残或死亡时提供赔偿的一种保险，保险费每年交一次。它不同于人寿保险或医疗健康险。

你可以为自己买个人意外险或为家庭买团体意外险，随时随地为自己和家人提供保护。意外险在全球提供 24 小时的保险保护。

记得 2003 年我去泰国 APEC 峰会演讲。会议结束后，我多留几天观光，其间，突然食物中毒。记得我全身发冷。幸好，我泰国朋友（某证券公司老总）帮我打电话给我保险公司，由于是突发事件，他们派了医生到我酒店房里为我打针。我还记得那支针好大，和大象打的一样，哈哈。意外保险救了我一命。

综上所述，许多人都对买保险持怀疑的态度，觉得自己不需要保险。我常常问我的学生：你要用"生保险"还是"死保险"？也就是说，你希望买一个能在人生期间使用的保险还是一个死后才用的保险。想想这个问题。

## ▶▶ 退休基本知识

以下简单列出一些国家退休与社保制度供参考。

### 澳大利亚

澳大利亚的退休收入系统由三部分组成：基于收入及资产评估的政府养老金，来源于税收；企业养老金，这部分由雇主义务缴纳，存到员工的个人账户；个人自愿缴纳的私有储蓄养老金。企业养老金和个人私有储蓄养老金均享有税收优惠。

**领取条件**

男性需满 65 岁才可领取政府养老金。而目前，女性的领取年龄则是 64.5 岁，2014 年提至 65 岁。从 2017 年开始，领取养老金的年龄将每两年提高 0.5 岁，直到 2023 年达到 67 岁。当前，领取企业养老金的最低年龄是 55 岁，但到 2025 年将提至 60 岁。

养老金的额度随着物价的增长而增长，而后者是由"消费者物价指数"（CPI）和"养老金领取者生活成本指数"（PBLCI）来衡量的。如有必要，可以继续调高养老金额度，来保证它们的比率不低于男性平均每周税前收入的 41.8%。

### 加拿大

加拿大的养老金系统提供一个面向全民的定额福利，在此基础上还可以有福利补助和政府津贴。

#### 领取条件

加拿大的养老金申请有居住年限要求。自18岁起在加拿大住满10年以上，每年获得的养老金就是总额的2.5%。其中，在加拿大居住满40年的享受全额。2012年6月，加拿大政府对养老金制度作出了调整。从2023年4月起，基本养老金和补助金的领取年龄将从65岁提至67岁，且预计至2029年1月全面实行。一般来说，养老金的领取年龄是65岁，但满60岁也可申请提前领取。

### 丹麦

在丹麦，有基本公共养老金制度。基于收入和资产评估的补助养老金专门派发给那些低保退休者。还有一种制度根据个人工龄而定，也就是劳动力市场补充养老金制度。另外，作为集体合同协议的一部分，强制性的企业养老金制度覆盖了近90%的全职受雇者。

#### 领取条件

目前，领取养老金的标准年龄是65岁，但2019～2022年间，将会逐步提至67岁。居住满40年才可领取全额公共养老金。不满40年的可按相应比例领取福利。领取全额劳动力市场补充养老金则需满足规定的工龄。此劳动力市场补充养老金制度（ATP制度）早在1964年便已设立。

公共养老金（基本养老金、补充养老金加上劳动力市场补充养老金的总额）每年都会根据人均收入进行调整，调整依据则是前两年的工资增长指数。如果人均收入增长超过2%，则超出的部分将以不超过0.3%的比例划入社会消费储备中去。因此，养老金和其他社会福利指数是基于工资的增长减去划分为社会消费储备的部分的。2008年，政府特别对工人的收入实行减税，以遏止劳工市场的全面衰退。2008年7月起，扣掉工作收入的那部分，退休者每年可领取高达3万丹麦克朗的基本定向养老金。

## ▶▶ 退休入门小步骤

**第一步：确定退休目标**

查看"退休计划"课程学员的评语及感想：http://www.atxcn.com/comment/

**第二步：计算需要多少钱才可以退休**

参考"步骤 6：多少钱才可以退休"内的计算方法

**第三步：计算你现在拥有的资产与负债**

完成作业 15：净值估算

**第四步：找出缺口**

所需退休金减掉现有净资产

**第五步：缺口的解决方案**

看看自己现在把钱放在哪里？投资在哪里？满意吗

**第六步：钱投资在哪里**

查看 http://www.atxcn.com/info/ "退休计划"官网的一些访问和学习心得

**第七步：如何进步**

如果想进一步学习，可以参考：http://www.atxcn.com/guarantee/

个人退休计划与财富管理课程
Retirement Planning & Wealth
Management

## ▶▶ 课程介绍

### 课程目标

市场的不确定因素日渐增加。全球金融危机、通货膨胀、股市动荡、楼市前景不清晰等令人担心。退休计划课程（WIRE）成立的目的是为投资者提供一个完整的退休规划的机会。通过两天的集中内容，你将系统的学习到如何规划你与家人的下半生。

### 背景介绍

李统毅博士三小时的"退休计划介绍"，是国内 EMBA 十年内最受欢迎的课程之一。在学生的要求下，在 2003 年开展了更详细的 2 天"个人退休计划与财富管理"WIRE 课程。到目前为止，已经有超过 3200 名学员参加。90% 以上的学生都是非金融行业。你不需要担心没有一些金融基础知识。你将在课程从零开始学习。你可以选择 WIRE 国内或海外课程。

### 课程内容

"个人退休计划与财富管理"将讨论退休与财富人生的整体规划，包括退休前的准备。研究如何解决现实五大问题，包括人生规划、通货膨胀、投资组合、财富保持、移民还是留下。本课程将详细解释投资工具，包括固定收益、保险、股票、外汇、基金、期货、离岸税务天堂、第二身份等。通过案例研究，课堂讨论，学员将学习如何规划下半生。

如果你对实现退休计划感兴趣，可以参加改变你下半生的"个人退休计划与财富管理"课程。

**主讲嘉宾**

李统毅，著名的外汇投资家、被誉为"短抄王"。在华尔街工作期间，曾任纽约国泰证券分析师、大都会保险集团（美国第二大保险公司）退休策划师，在全球最大期货行 REFCO 任操盘手。月交易量 20 亿美金。他拥有纽约人寿保险牌照及美国证券从业资格。李博士是英国特许公认会计师公会（ACCA）、美国纽约金融管理学院（NYIF）和美国纽约保险公会（NYLPA）的会员。

现任美国汉普敦投资银行董事总经理兼首席经济学家。在澳大利亚念完中学后，获得英国赫尔大学的全额奖学金念本科，之后获得纽约城市大学经济学博士学位。李博士活跃于国际论坛。为亚太经合组织商务领导人峰会（APEC）等论坛主讲嘉宾。同时李博士是国内外多所大学 EMBA 金融教授。

2008 年受中国外交部邀请为亚欧峰会四位金融界代表之一，在金融危机下，他的"金融稳定机制"建议被送亚欧峰会首脑论坛，并转变为政策。

**学员对象**

　　各行业国有企业、民营企业、上市公司的董事长、总裁、总经理、首席执行官、首席运营官、总监、经理、及其它各部门主管等等；90%以上的学生都是非金融行业。大部分为企业高管及 EMBA 学员。你不需要担心没有一些金融基础知识，将在课程从零开始学习。

**课程图片**

**联系我们**

官网报名 http://atxcn.com/apply/

退休计划课程咨询：cbs3321@126.com

## ▶▶ 海外投资考察

往届课程及 2015 年—2018 年课程安排

| 日期 | 课程 | 国家和地区 |
|---|---|---|
| 2003 年 | 个人退休计划与财富管理 | 湖南 |
| 2004 年 | 个人退休计划与财富管理 | 成都 |
| 2005 年 | 个人退休计划与财富管理 | 重庆 |
| 2006 年 | 个人退休计划与财富管理 | 西安 |
| 2007 年 | 个人退休计划与财富管理 | 广州 |
| 2008 年 | 个人退休计划与财富管理 | 哈尔滨 |
| 2009 年 | 个人退休计划与财富管理 | 北京 |
| 2010 年 | 个人退休计划与财富管理 | 济南 |
| 2011 年 | 个人退休计划与财富管理 | 三亚 |
| 2012 年 | 个人退休计划与财富管理 | 香港 |
| 2013 年 | 个人退休计划与财富管理 | 兰卡威岛 |
| 2014 年 | 个人退休计划与财富管理 | 拉斯维加斯 |
| 2015 年 | 个人退休计划与财富管理 | 冲绳岛，新西兰 |
| 2016 年 | 个人退休计划与财富管理 | 泰国，美国 |
| 2017 年 | 个人退休计划与财富管理 | 澳大利亚 |
| 2018 年 | 个人退休计划与财富管理 | 欧洲 |

＊课程安排以最后确认为准。

主办机构

退休计划及财富管理论坛（WIRE）组委会成立于 2003 年 3 月 29 日。CBIS 作为论坛的专利拥有者，它负责管理和举办每年的论坛，以及确保该倡议和在其职权范围内的方案顺利运行。

主要项目

CBIS 是美国汉普敦控股下属公司。CBIS 协办中国国际投资论坛、退休计划课程、全球外汇交易投资论坛，以及多项海外考察项目。

往届海外投资考察及 2015 年—2017 年考察安排

| 日期 | 活动 | 国家 |
|------|------|------|
| 2003 年 | 150 多名高层总裁参加在希腊举行的首届 ICIF 会议 | 希腊 |
| 2004 年 | 跨文化问题引起美国参会者的兴趣 | 美国 |
| 2004 年 | 100 名上市公司主席和总裁参会 | 马来西亚 |
| 2005 年 | 首届"中国商业论坛"在立陶宛举行，解决贸易问题 | 立陶宛 |
| 2005 年 | 300 名代表参加中东 ICIF 会议 | 埃及 |
| 2006 年 | 塞浦路斯 ICIF 由中国驻塞浦路斯大使主持 | 塞浦路斯 |
| 2006 年 | 意大利中国论坛聚焦市场营销和制造问题 | 意大利 |
| 2007 年 | ICIF 在阿根廷成功举行，报名人数超过规定人数 | 阿根廷 |
| 2007 年 | 来自拉丁美洲国家的代表汇聚到智利论坛 | 智利 |
| 2008 年 | 400 多名代表参加在三大城市举办的墨西哥论坛 | 墨西哥 |
| 2009 年 | 中国和秘鲁签署《自由贸易协定》之后得到媒体的广泛报道 | 秘鲁 |
| 2010 年 | "中国论坛"关注产业升级并就经济发展做出简要通报 | 厄瓜多尔 |
| 2011 年 | 150 多名高层总裁参加 | 秘鲁 |
| 2012 年 | 250 多名高层总裁参加，秘鲁能源部长，中国驻秘鲁大使出席 | 秘鲁 |
| 2013 年 | 中美洲投资论坛 | 危地马拉 |
| 2014 年 | 柬埔寨投资论坛，6 次考察 | 柬埔寨 |
| 2015 年 | 米兰世博会＋欧洲多国考察 | 意大利 |
| 2016 年 | 拉丁美洲投资论坛＋多国考察，300 名高层总裁参加 | 秘鲁 |
| 2016 年 | 泰国投资讲座 | 泰国 |
| 2017 年 | 美国投资论坛 | 美国 |

## ▶▶ 海外考察报道

中国国际投资论坛（ICIF）由汉普敦控股有限公司（HCH）、德玛律师事务所和秘鲁石油开发公司（中国石油天然气集团秘鲁分公司）合作举办。专题"中国和秘鲁，机会和挑战"旨在与我们的主要贸易伙伴提供清晰的蓝图，并讨论两国之间的投资机会。自2009年开始，中国国际投资论坛（ICIF）已在秘鲁连续举办4届。

图：从左到右是首钢总经理、中石油总经理、李统毅博士、中国驻秘鲁大使、秘鲁能源部长、德玛律师

2012年中国国际投资论坛（ICIF）在秘鲁首都利马成功举办。出席者包括秘鲁能源部长、中国驻秘鲁大使、中石油总经理、汉普敦总经理、首钢总经理等重量级人物，总共有60多家中国企业，250人出席。从2009年开始，中国国际投资论坛连续4年在秘鲁举办。赞助商包括中石油、秘鲁最大商业银行英特、汉普敦银行、德玛律师事务所等。

海外考察官网：cn.ticif.com

国际会议部门咨询：cbs112@126.com

## 课程与海外考察图片

## ▶▶ 学员评语（排名不分先后）

此课程后对我启发很大，以前是按顺其自然：到年龄就退，存点钱够花就好。没仔细计划过退休后怎样和子女、社会的相处，以及怎样核算生活成本及投资的多元化；通过此课程让我明白退休后要想安度晚年，不但要学会不同理财. 健康生活方式，更要增加信念和心灵寄托，等等。

**——中国人民大学 EMBA 学员　林女**

---

借李统毅博士一点智慧，让我愚钝的大脑变得更为聪明。

**——广州市金泉投资有限公司董事长　张志峰**

---

你在课堂上阐述观点独辟蹊径，对学生爆炸性思维的预见性及反应速度让我钦佩不已。

**——中信建设集团副总经理　陶扬**

---

极富感染力的表达，使原本枯燥的经济学说也可有艺术般美感，让人专注、领悟。也正因为如此，李博士在专业领域积累了丰富的知识和宝贵的经验，为我们开拓了视野，启发了思维。

**——中国农业银行股份有限公司　邓冀刚**

---

李统毅博士待人真诚，知识渊博，风趣幽默，启发思维。总之，"退休计划"为人生打开了一扇神奇的窗户，值得你去拥有！

**——中国人民大学 EMBA 学员　吉昂**

"人无远虑，必有近忧"。李博士讲授的退休计划，让人们再一次明白了这个道理，还等什么，赶快制订属于自己的退休计划吧。

——重庆两江新区燃气有限责任公司经理　文小松

---

有的人勤劳而不富有，有的人却总能得到命运之神垂青！有的人辛劳一生，终老依然贫穷。有的人善用巧径，轻易获得了成功！你可从李博士书中获得人生启迪。

——重庆谕隆资产经营（集团）有限公司董事长　袁国圣

---

李博士以学贯中西的学识、独特的国际视野，启迪和引导我们用前瞻性的模式去思考自己的退休规划，未雨绸缪，人生的夕阳才会真正地美丽而从容。

——东风小康汽车有限公司总工程师　彭自力

---

李老师的精彩讲授，从感性认识上升到理性认识，有深度、高度，结合互动和案例，带领我们从狭隘的思路，驶向无限广阔的海洋，是一把开启智慧和成功的钥匙。

——中国建设银行股份有限公司　王春红

---

非常喜欢李统毅老师的授课风格，如和风细雨般润物细无声，输出的不仅是知识，更是在传递智慧，以及历练后的舒适人生态度。

——知识经济杂志社　林湘钰

想早退休的人，须早做退休计划，要计划必早看此书！好计划靠好书！

——兴业证券重庆营业部总经理　李兵诗

听李统毅博士讲课，不仅钦佩他深厚的理论功底和丰富的实战经验，还敬佩他百折不挠的意志和对生活、人生的乐观态度。书中展现的不仅仅是他个人的奋斗史，还深刻蕴涵了难能可贵的企业家精神。细细品味书中精髓，何愁逆境不转，财富不至！

——四川升达林业产业股份有限公司董事　张昌林

迷茫与无知催生人生的失败，阅读本书不仅让我们想清楚怎么活着，而且还教会我们怎样才能活得更好，是一本真正能改变你的一生的书籍！

——重庆小康工业集团股份有限公司总裁助理　孟刚

他不仅对金融市场有锐利的观察力和敏捷的执行力，并取得丰厚回报，在课堂上也非常幽默诙谐、朴素生动，每每使人受益匪浅，深受同学们喜爱。

——Bloomberg L. P. 美国彭博资讯　吴亚锋

退休也是需要教练的，来了解"退休计划"，它会让你的退休生活精彩纷呈！

——华晨汽车工程研究院部长　孙毅

## ▶▶ 后 记

现在，你应该对自己退休后的生活有一个完整概念了。我相信每个人都有自己的人生目标。我们值得拥有快乐和健康。从今天起，开始你的退休计划，更重要的是，开始执行你在本书中制定的目标和计划。

如果你跟随了书中给出的步骤，你应该已经写下自己的目标、需求和愿望。你已经写下了自己当前的开销和你的净值。你已经算过自己每月和每年的开销，并且知道退休后的开销总金额。记住，因为通胀和期望变化等许多外部因素的影响，这些都会随着时间而发生改变。

在此感谢广东旅游出版社给我这个机会出版此书。感谢我所有参与了为期两天"退休计划"课程的学生及我十几年来国内的 EMBA 学生，我们一起度过了许多愉快的时光。

人生只有一次。要做自己人生这幕戏的导演。

祝一切顺利！

李统毅

# · · · · · · 作者声明 · · · · · ·

### 风险提示

在决定参与任何投资以前，您应该谨慎考虑您的投资目标、经验等级及风险承受能力。最重要的是，如无法承担损失，请不要贸然投资。

### 风险投资

在您决定进行投资前请务必慎重地考虑您的投资目标、经验和对风险的承受能力。您有可能会失去部分或全部的投资本金，因此，请不要动用您不能承受风险的资金作投资。并且，您还需要留意所有与投资相关的风险，如果有任何疑问，请及时联络您的财务顾问给予正确指导。

### 评论

任何发表在本书及相关网站内的评论、新闻、研究、分析、价格及其他资料只能视作一般市场资讯，仅作参考之用，并不构成投资建议。作者不会为任何直接或间接根据这些资料作出的投资决定或建议所造成的损失、破坏，包括但不限于任何投资的损失而负责。